# *Controle* ESTATÍSTICO *da* QUALIDADE

R175c   Ramos, Edson Marcos Leal Soares
          Controle estatístico da qualidade / Edson Marcos Leal
        Soares Ramos, Silvia dos Santos de Almeida, Adrilayne dos
        Reis Araújo. – Porto Alegre : Bookman, 2013.
          xvi, 160 p. : il. ; 23 cm.

        ISBN 978-85-65837-16-3

          1. Estatística aplicada. 2. Estatística – Controle de
        qualidade. I. Almeida, Silvia dos Santos de. II. Araújo,
        Adrilayne dos Reis. III. Título.

                                                    CDU 519.22

Catalogação na publicação: Natascha Helena Franz Hoppen – CRB10/2150

Edson Marcos Leal Soares Ramos
Silvia dos Santos de Almeida
Adrilayne dos Reis Araújo

# Controle ESTATÍSTICO da QUALIDADE

bookman

2013

© Bookman Companhia Editora Ltda., 2013

Capa: *Rogério Grilho*

Preparação de originais: *Isabela Beraldi Esperandio*

Coordenação editorial: *Denise Weber Nowaczyk*

Projeto e editoração: *Techbooks*

Reservados todos os direitos de publicação, em língua portuguesa, à
BOOKMAN EDITORA LTDA., uma empresa do GRUPO A EDUCAÇÃO S.A.
Av. Jerônimo de Ornelas, 670 – Santana
90040-340 – Porto Alegre – RS
Fone: (51) 3027-7000   Fax: (51) 3027-7070

É proibida a duplicação ou reprodução deste volume, no todo ou em parte, sob quaisquer formas ou por quaisquer meios (eletrônico, mecânico, gravação, fotocópia, distribuição na Web e outros), sem permissão expressa da Editora.

Unidade São Paulo
Av. Embaixador Macedo Soares, 10.735 – Pavilhão 5 – Cond. Espace Center
Vila Anastácio – 05095-035 – São Paulo – SP
Fone: (11) 3665-1100   Fax: (11) 3667-1333

SAC 0800 703-3444 – www.grupoa.com.br

IMPRESSO NO BRASIL
*PRINTED IN BRAZIL*
Impresso sob demanda na Meta Brasil a pedido do Grupo A Educação.

# Autores

**Edson Marcos Leal Soares Ramos**
edson@ufpa.br
Bacharel em Estatística pela UFPA, Mestre em Estatística pela UFPE e Doutor em Engenharia de Produção pela UFSC. Professor do Instituto de Ciências Exatas e Naturais. Suas principais linhas de pesquisa relacionam-se à utilização de Métodos e Modelos Estatísticos, Econométricos e Matemáticos, com ênfase nas áreas de Estatística, Modelos de Regressão e Séries Temporais: Modelagem e Previsão, Análise Multivariada, Planejamento de Experimentos, Bioestatística, Métodos Estatísticos Aplicados à Segurança Pública, Controle Estatístico da Qualidade e Teoria Assintótica.

**Silvia dos Santos de Almeida**
salmeida@ufpa.br
Bacharel e Especialista em Estatística pela UFPA, Mestre em Estatística pela UFPE e Doutora em Engenharia de Produção pela UFSC. Professora do Instituto de Ciências Exatas e Naturais. Suas principais linhas de pesquisa relacionam-se à utilização de Métodos e Modelos Estatísticos, Econométricos, com ênfase nas áreas de Estatística, Modelos de Regressão Clássico e com Erros

nas Variáveis e Séries Temporais: Modelagem e Previsão, Análise Multivariada, Métodos Estatísticos Aplicados à Segurança Pública, Controle Estatístico da Qualidade e Teoria Assintótica.

**Adrilayne dos Reis Araújo**
adrilayne@ufpa.br
Bacharel em Estatística pela UFPA e Mestre em Estatística pela USP. Professora do Instituto de Ciências Exatas e Naturais da UFPA. Seus principais interesses dentro da Estatística são pesquisas relacionadas à utilização de Métodos e Modelos Estatísticos e Matemáticos, com o uso de Modelos de Regressão, Planejamento de Experimentos, Bioestatística, Técnicas de Amostragem, Análise Multivariada de Dados e Métodos Estatísticos Aplicados à Segurança Pública.

*À nossa princesa, Yasmin.*
Edson e Silvia

*À minha mãe, Célia.*
Adrilayne

*Somos gratos aos nossos ex-alunos Jaciane do Carmo Ribeiro, Monique Kelly Tavares Gomes e Gesiane do Socorro Andrade Leão pelas importantes contribuições na elaboração desta obra. Em especial, nossa eterna gratidão a Wagner Rogério Ferreira Pinheiro pelo profissionalismo e pelas muitas horas e finais de semana de digitação e contribuição durante todo o processo de elaboração deste livro.*

# Prefácio

Este livro foi elaborado para servir como um guia prático para profissionais e estudantes de graduação e pós-graduação que necessitam dos conhecimentos do controle estatístico da qualidade (CEQ). O controle estatístico da qualidade teve seu início com o físico, engenheiro e estatístico Walter Andrew Shewhart que, em 1924, apresentou ao mundo o primeiro gráfico de controle, utilizado para monitorar características da qualidade de uma empresa de telefonia. O sucesso de Shewhart proporcionou uma série de estudos e desenvolvimentos de diversas outras ferramentas, o que lhe rendeu o título de "pai do controle estatístico de processo".

No início, o controle estatístico da qualidade chamou a atenção somente de profissionais do setor industrial, principalmente de engenheiros e técnicos das áreas de produção e manutenção. Devido à simplicidade e à facilidade de aplicação das ferramentas do CEQ, houve rapidamente uma expansão para as diversas áreas do conhecimento. Setores como o de saúde, economia, administração e muitos outros passaram a adotar as ferramentas do CEQ para monitorar e avaliar seus processos.

O controle estatístico da qualidade tornou-se assunto obrigatório em diversos cursos de graduação e pós-graduação, por exemplo, nos cursos de Estatística, Administração e nas Engenharias de Produção, Mecânica, Elétrica, Civil, Minas, Metalurgia, etc. Muitas empresas, preocupadas em garantir a qualidade de seus produtos e serviços, passaram a utilizar cada vez mais as ferramentas do controle estatístico da qualidade. Hoje, cursos de controle estatístico da qualidade são ministrados rotineiramente em muitas empresas do mundo inteiro. Foi pensando na diversidade de aplicações dos conhecimentos do CEQ que este livro foi elaborado, abordando o assunto com profundidade e rigor técnico.

A partir da experiência dos autores com o controle estatístico da qualidade, foi possível detalhar a utilização e análise de cada uma das ferramentas abordadas neste livro. Cada tópico do livro apresenta um exemplo de uma situação real totalmente resolvido e, ao final de cada capítulo, uma lista de exercícios é proposta visando melhorar a compreensão dos leitores.

Além de tópicos básicos, o livro apresenta uma coleção de ferramentas do controle estatístico da qualidade reunidas em uma só obra. Professores, pesquisadores e usuários do controle estatístico da qualidade podem, então, a partir desta obra, compreender e implementar as ferramentas abordadas facilmente.

Este livro é destinado a todos aqueles que utilizam e estudam o controle estatístico da qualidade e seus benefícios em todas as áreas de conhecimento.

Os autores

# Sumário

| | | |
|---|---|---|
| **1** | **Introdução** | **1** |
| **2** | **Ferramentas Básicas do Controle Estatístico da Qualidade** | **5** |
| 2.1 | Estratificação | 5 |
| 2.2 | Folhas de verificação. | 7 |
| | 2.2.1 Exemplo de folha de verificação para a distribuição do processo de produção | 7 |
| | 2.2.2 Exemplo de folha de verificação para item defeituoso | 7 |
| | 2.2.3 Exemplo de folha de verificação para localização de defeitos | 8 |
| | 2.2.4 Exemplo de folha de verificação de causas | 10 |
| | 2.2.5 Exemplo de folha de verificação de satisfação do cliente | 10 |
| 2.3 | Diagrama de Ishikawa | 11 |
| | 2.3.1 Construção do diagrama de Ishikawa | 12 |
| 2.4 | Gráfico de Pareto | 13 |
| | 2.4.1 Construção do gráfico de Pareto | 14 |
| | 2.4.2 Análise e utilização do gráfico de Pareto | 16 |
| 2.5 | Histograma | 17 |
| | 2.5.1 Construção do histograma | 18 |
| | 2.5.2 Comparação do histograma com limites de especificação | 19 |

2.6 Diagrama de correlação ou diagrama de dispersão . . . . . . . 21
    2.6.1 Correlação linear positiva . . . . . . . . . . . . . . . . . . 22
    2.6.2 Correlação linear negativa . . . . . . . . . . . . . . . . . . 22
    2.6.3 Ausência de correlação linear . . . . . . . . . . . . . . . . 22
    2.6.4 Construção do diagrama de correlação. . . . . . . . . . . 22
    2.6.5 Cálculo do coeficiente de correlação linear de Pearson. . . . . . 25
2.7 Exercícios . . . . . . . . . . . . . . . . . . . . . . . . . . . . . 26

# 3 Visão Geral de Inferência e Gráficos de Controle    31
3.1 Visão geral de inferência . . . . . . . . . . . . . . . . . . . . . 31
    3.1.1 Estimando a dispersão do processo . . . . . . . . . . . . . 33
    3.1.2 Estimando o nível do processo. . . . . . . . . . . . . . . . 40
3.2 Visão geral de gráficos de controle . . . . . . . . . . . . . . . . 44
    3.2.1 Princípios dos gráficos de controle . . . . . . . . . . . . . 45
    3.2.2 Construção de gráficos de controle. . . . . . . . . . . . . . 46
    3.2.3 Planejamento de um gráfico de controle . . . . . . . . . . 47
    3.2.4 Tipos de gráficos de controle. . . . . . . . . . . . . . . . . 49
3.3 Exercícios . . . . . . . . . . . . . . . . . . . . . . . . . . . . . 51

# 4 Gráficos de Controle para Variáveis    53
4.1 Introdução . . . . . . . . . . . . . . . . . . . . . . . . . . . . . 53
4.2 Gráficos de controle para monitorar a dispersão do processo . . 54
    4.2.1 Gráfico do desvio padrão ou gráfico $S$ . . . . . . . . . . . 54
    4.2.2 Gráfico da variância ou gráfico $S^2$ . . . . . . . . . . . . . 58
    4.2.3 Gráfico da amplitude ou gráfico $R$ . . . . . . . . . . . . . 61
4.3 Gráficos de controle para monitorar o nível do processo . . . . 63
    4.3.1 Gráfico da média ou gráfico $\bar{X}$ . . . . . . . . . . . . . . . 64
    4.3.2 Gráfico da mediana ou gráfico $\tilde{X}$ . . . . . . . . . . . . . . 67
4.4 Exercícios . . . . . . . . . . . . . . . . . . . . . . . . . . . . . 71

# 5 Gráficos de Controle para Atributos    75
5.1 Gráfico de controle para fração não conforme ou gráfico $p$
    para tamanho de subgrupos fixos . . . . . . . . . . . . . . . . 75
5.2 Gráfico para a fração não conforme ou gráfico $p$ para
    tamanho de subgrupos variáveis. . . . . . . . . . . . . . . . . 78
    5.2.1 Gráfico de controle $p$ com tamanho variável de amostra . . . . . 78
    5.2.2 Gráfico de controle $p$ com tamanho médio de amostra . . . . . . 81
    5.2.3 Gráfico de controle padronizado $p$ . . . . . . . . . . . . . 82
5.3 Gráfico de controle para o número de itens não conformes
    ou gráfico $np$ para subgrupos fixos. . . . . . . . . . . . . . . . 84
5.4 Gráfico de controle $np$ para tamanho de subgrupos variáveis. . 86
    5.4.1 Gráfico de controle $np$ com tamanho variável de amostra . . . . 86
    5.4.2 Gráficos de controle $np$ com tamanho médio de amostra . . . . 88

5.5 Gráfico para número de defeitos ou gráfico $c$ . . . . . . . . . . 90
5.6 Gráfico de controle para o número médio de defeitos por unidade ou gráfico $u$ para subgrupos fixos . . . . . . . . . . . 92
5.7 Gráfico de controle $u$ com tamanho de subgrupos variáveis . . 95
    5.7.1 Gráfico de controle $u$ com tamanho variável de amostra . . . . . 95
    5.7.2 Gráfico de controle $u$ com tamanho médio de amostra . . . . . . 97
    5.7.3 Gráfico de controle padronizado $u$ . . . . . . . . . . . . . . . . 99
5.8 Exercícios . . . . . . . . . . . . . . . . . . . . . . . . . . 100

## 6 Gráficos de Controle para Medidas Individuais     103
6.1 Introdução . . . . . . . . . . . . . . . . . . . . . 103
6.2 Gráfico de controle para amplitude móvel ou gráfico $MR$ . . . 103
6.3 Gráfico de controle para observações individuais ou gráfico $x$ . . . . . . . . . . . . . . . . . . . . . . . . 108
6.4 Exercícios . . . . . . . . . . . . . . . . . . . . . . . 110

## 7 Índices de Capacidade do Processo     113
7.1 Introdução . . . . . . . . . . . . . . . . . . . . . . 113
7.2 Índice $C_p$ . . . . . . . . . . . . . . . . . . . . . . 114
    7.2.1 Teste de hipóteses e o índice $C_p$ . . . . . . . . . . . . . . . . 116
7.3 Índices $C_{pu}$, $C_{pl}$ e $C_{pk}$ . . . . . . . . . . . . . . . . . . 117
7.4 Banda superior e inferior do processo . . . . . . . . . . . 118
7.5 Exercícios . . . . . . . . . . . . . . . . . . . . . . . . 120

## A Tabelas de Fatores para Construção de Gráficos de Controle     127

## B Tabela Utilizada para Exercícios Resolvidos     131

## C Tabelas para Resolução dos Exercícios Propostos     133

## Referências     139

## Respostas dos Exercícios     141

## Índice     157

# Capítulo 1

# Introdução

Neste capítulo são apresentadas uma breve história da Estatística e do Controle Estatístico da Qualidade e algumas definições e conceitos importantes utilizados ao longo deste livro.

Montgomery (2004) define que qualidade é inversamente proporcional a variabilidade, e a melhoria da qualidade é a redução da variabilidade nos processos e produtos. A expressão "Controle da Qualidade" foi utilizada pela primeira vez em um artigo denominado *The Control of Quality*, publicado pela revista *Industrial Mangement*, v. 54, p. 100, 1917, de autoria de G. S. Radford. Já para Prazeres (1996), controle da qualidade é definido como um conjunto de atividades planejadas e sistematizadas que objetivam avaliar o desempenho de processos e a conformidade de produtos e serviços com especificações e prover ações corretivas necessárias.

A qualidade de um produto pode ser avaliada de várias maneiras e, de acordo com Garvin (1987), as oito componentes ou dimensões da qualidade podem ser dadas por: Desempenho (o produto realizará a tarefa pretendida?), Confiabilidade (qual é a frequência de falhas do produto?), Durabilidade (quanto tempo o produto durará?), Assistência técnica (qual é a facilidade para se consertar o produto?), Estética (qual é a aparência do produto?), Características (o que o produto faz?), Qualidade percebida (qual é a reputação da companhia ou de seu produto?) e Conformidade com especificações (o produto é feito como o projetista pretendia?).

Para avaliar a qualidade de um produto ou serviço, se faz necessária a utilização de métodos estatísticos. O pioneiro no uso de métodos estatísticos em problemas industriais foi Shewhart (Werkema, 1995) que, nos laboratórios da Bell Telephone, coordenou uma série de pesquisas que levou à inspeção de peças de equipamentos de centrais telefônicas.

A partir do século XX, os métodos estatísticos foram desenvolvidos como uma mistura de ciência, tecnologia e lógica para a solução e investigação de problemas em várias áreas do conhecimento humano (Stigler, 1986). A Estatística foi reconhecida como um campo da ciência neste período, mas sua história tem início bem anterior a 1900. De fato, sua origem pode ser atrelada à evolução da civilização, do convívio social e de necessidades como de troca e de contagem, seja de produtos, territórios, pessoas, riquezas, entre outros. Pode-se dizer que a Estatística é tão antiga quanto a Matemática. Seu primeiro uso foi de caráter administrativo e remonta à Idade Antiga. Isso pode ser constatado por registros do uso da Estatística em livros sacros, por exemplo, o livro Chouking Vedas, de Confúcio, em 2.238 a.C., e na Bíblia, onde pode-se ler o levantamento do povo judaico, para fins guerreiros.

Formalmente, pode-se definir a *Estatística* como a ciência que se preocupa com coleta, análise, interpretação e apresentação dos dados, permitindo a obtenção de conclusões válidas a partir desses dados, bem como a tomada de decisões razoáveis baseadas nessas conclusões. É dividida didaticamente em duas partes: *Estatística Descritiva*, que se preocupa com a organização, interpretação e apresentação dos dados estatísticos, e *Estatística Indutiva*, também conhecida como amostral ou inferencial, que, partindo de uma amostra, estabelece hipóteses sobre a população de origem e formula previsões, fundamentando-se na teoria das probabilidades.

Outra definição importante é o conceito de *população*, considerada um conjunto, finito ou infinito, que possui ao menos uma característica em comum entre todos os seus elementos componentes. Além disso, a coleta exaustiva das informações de todas as $N$ unidades dessa população é conhecida como *censo*. Muitas vezes não é possível obter essa totalidade ($N$), e utiliza-se então uma *amostra* ($n$). Esta é um subconjunto ou uma parte selecionada da totalidade de observações abrangidas pela população, da qual se quer concluir alguma coisa e que deve ser um subconjunto representativo da população. A coleta dessa amostra deve ser feita com base em métodos adequados, chamados de *amostragem*.

Além das definições dadas, define-se *variável* ou característica da qualidade como um conjunto de resultados possíveis de um fenômeno (resposta), ou ainda como as propriedades dos elementos da população que se pretende conhecer. As variáveis podem ser divididas em variáveis *qualitativas* e *quantitativas*. A variável é dita qualitativa quando se obtêm como resposta palavras. Se existir uma ordem natural nas respostas, diz-se que a variável é *qualitativa ordinal*; caso contrário, ela é dita variável *qualitativa nominal*. Ainda, pode-se definir de forma simples que a variável é quantitativa quando se obtém como resposta números. Quando os resultados são obtidos por meio de contagem, a variável é dita *quantitativa discreta* e, se for obtida por meio de medições, ela é dita *quantitativa contínua*.

Para a utilização adequada dos métodos estatísticos, deve-se inicialmente saber exatamente qual é o problema a ser resolvido. Isso equivale a definir corretamente o problema em estudo para, em seguida, proceder ao planejamento do trabalho, que é a fase de organizar as etapas necessárias para a obtenção dos resultados na solução do problema. Como por exemplo: Que dados serão obtidos? Qual levantamento de dados deve ser utilizado? E o cronograma de atividades? Quais os custos envolvidos? Entre outras. Para a obtenção dos resultados faz-se a *coleta de dados* que é o registro sistemático de dados com um objetivo determinado. Esses dados podem ser do tipo *primário* ou *secundário*. Os dados são primários quando publicados pela própria pessoa ou organização que os tenha recolhido, p. ex., tabelas do censo demográfico do Instituto Brasileiro de Geografia e Estatística (IBGE) e são secundários quando publicados por outra organização, (p. ex., quando um determinado jornal publica estatísticas referentes ao censo demográfico extraídas do IBGE). Trabalhar com dados de fontes primárias é sempre mais seguro que o uso da fonte secundária, pois não há risco de erros de transcrição.

A coleta dos dados pode ser dita como *coleta direta* ou *indireta*. A coleta é *direta* quando é obtida diretamente da fonte, por exemplo, uma empresa realiza uma pesquisa para saber a preferência dos consumidores pela sua marca. A coleta direta pode ser contínua (registros de nascimento, óbitos, casamentos, entre outros), periódica (recenseamento demográfico, censo industrial) e ocasional (registro de casos de dengue). Já a *coleta indireta* é feita por deduções a partir dos elementos conseguidos pela coleta direta, por analogia, por avaliação, indícios ou proporcionalidade. Passa-se então à *apuração dos dados*, que é o resumo dos dados por meio de sua contagem e agrupamento, ou seja, a condensação e tabulação de dados. Isso é feito por meio da apresentação dos dados, na qual são consideradas duas formas de apresentação que não se excluem mutuamente: a *apresentação tabular*, ou seja, a apresentação numérica dos dados em linhas e colunas distribuídas de modo ordenado, segundo regras práticas fixadas pelo Conselho Nacional de Estatística; e a *apresentação gráfica* dos dados numéricos, que constitui uma apresentação geométrica, permitindo uma visão rápida e clara do fenômeno.

Finalmente, passa-se à última fase do trabalho estatístico, que é a *análise e interpretação dos dados*. Esta é a etapa mais importante e delicada do método estatístico. Ela está ligada essencialmente ao cálculo de medidas e coeficientes, cuja finalidade principal é descrever o fenômeno, utilizando inicialmente a estatística descritiva. Na sequência, por meio da estatística indutiva, são feitas as interpretações dos dados, fundamentando-se na teoria das probabilidades, e com isso, extrapolando as conclusões para a população.

# Capítulo 2

# Ferramentas Básicas do Controle Estatístico da Qualidade

## 2.1 Estratificação

Considerando que se tenha interesse em estudar um conjunto de observações e sabendo-se que esse conjunto de valores observados ou medidos possa ser heterogêneo de acordo com determinadas características ou fatores de fácil identificação, a *estratificação* é definida como um procedimento que consiste em dividir um conjunto heterogêneo em subconjuntos homogêneos, sendo esses subconjuntos denominados de estratos. Segundo Prazeres (1996), estratificação é um método de identificação e classificação de dados coletados.

A estratificação é utilizada, na maioria das vezes, com os objetivos de:

1. proporcionar uma análise de diferenças entre os estratos, considerando os parâmetros de interesse no estudo, como, a média, a proporção e a dispersão;
2. identificar oportunidades que possibilitem melhorias para o processo;
3. aplicar medidas de correção no processo.

Estratificar significa dividir em camadas, em grupos, em classes e em categorias. Por exemplo, suponha que se queira dividir os alunos de uma sala de aula em estratos. Inicialmente, é necessário que se conheçam os objetivos a serem pesquisados; só assim será realizada uma boa estratificação do conjunto em estudo. Assim, podem ser formados estratos segundo as variáveis de interesse, que, neste exemplo, podem ser gênero (masculino e feminino), faixa etária (18 a 20 anos, 21 a 24 anos, etc.), situação civil dos pais (casados, solteiros, separados, divorciados, etc.), renda da família (menos de 1 salário mínimo, de 1 a 3 salários mínimos, etc.), entre outras.

O processo de estratificação é comumente uma tarefa mental. O conhecimento das características da população da pesquisa é fundamental para a realização da estratificação. Quanto melhor for a estratificação, menor será o esforço para se alcançar os objetivos da pesquisa. Além disso, dividir uma população em estratos reduz a variabilidade e, consequentemente, melhora a qualidade das informações. O desempenho de muitas das ferramentas do controle estatístico da qualidade dependem de uma boa estratificação, por exemplo, folhas de verificação, diagramas de Pareto, diagramas de Ishikawa, gráficos de controle, entre outras.

**Exercício resolvido 2.1:** Para exemplificar a ferramenta básica estratificação considere que uma grande rede de supermercados deseja abrir um supermercado na Região Metropolitana de Belém. Proponha uma estratificação, visando identificar o local onde o novo supermercado deve ser construído.

Para realizar a estratificação, considere que a Região Metropolitana de Belém é composta por seis cidades (Belém, Ananindeua, Marituba, Benevides, Santa Bárbara e Santa Isabel do Pará), deve-se considerar inicialmente as cidades como estratos e, dentro de cada cidade, os bairros (ou os distritos) como novos estratos. Assim, deve-se escolher em qual cidade e bairro é necessária a construção do novo supermercado.

**Exercício resolvido 2.2:** Para exemplificar a ferramenta básica estratificação, considere que uma determinada loja de departamentos deseja fazer um estudo sobre a fidelidade de seus clientes segundo o poder aquisitivo dos mesmos. Apresente uma proposta de estratificação para um determinado produto.

Para realizar a estratificação cujo objetivo é identificar a fidelidade dos clientes a determinado produto, por exemplo, um televisor, deve-se considerar as classes sociais A, B, C, D e E como os estratos e posteriormente perguntar aos clientes qual é a marca de televisor de sua preferência.

## 2.2 Folhas de verificação

É importante destacar que, antes da coleta dos dados, deve-se ter claros os objetivos do trabalho, ou seja, a finalidade das informações que serão coletadas. Para a coleta dos dados, utiliza-se a folha de verificação, que é um formulário impresso ou eletrônico que tem como objetivo principal facilitar a coleta e organização dos dados de forma rápida e eficiente para posterior utilização.

### 2.2.1 Exemplo de folha de verificação para a distribuição do processo de produção

Suponha que se queira conhecer a variação nas dimensões de um certo tipo de peça cuja especificação para o processo de usinagem é $1000 \pm 0,005$ mm. Uma maneira simples de coletar e classificar as peças, exatamente no instante de sua coleta, é utilizar uma folha de verificação. Assim, após o processo de usinagem da peça é feita uma medição, identificando-se cada quadrícula da tabela com um ponto ou um $X$, conforme a Figura 2.1, no momento das medições, o que possibilita a obtenção do histograma (ver Seção 2.5) ao final das medições.

### 2.2.2 Exemplo de folha de verificação para item defeituoso

A Figura 2.2 mostra uma folha de verificação utilizada no processo de inspeção final de fabricação de copos de cristal de uma indústria. Nesta indústria, sempre que se observa um defeito, o responsável pela inspeção faz uma anotação (traço), possibilitando, desta forma, ao fim do dia, verificar de maneira rápida a quantidade e os tipos de defeitos ocorridos no processo produtivo.

O simples fato de se ter a quantidade total de defeitos de um processo produtivo não leva à tomada de ações corretivas, mas, se uma folha de verificação como a da Figura 2.2 for utilizada, informações importantes podem ser obtidas para a melhoria do processo, pois é possível identificar rapidamente os defeitos de maior ou menor frequência.

## 8 Controle Estatístico da Qualidade

| Empresa: | | | | | | | | | | | |
|---|---|---|---|---|---|---|---|---|---|---|---|
| Estágio de Fabricação: Final | | | | | | | | | | | |
| Inspetor: | | | | | | | | Data: | | | |
| | Desvio | Número de peças | | | | | | | | | Frequência |
| | | | | | | 5 | | | | 10 | |
| | 0,010 | | | | | | | | | | |
| | 0,009 | | | | | | | | | | |
| | 0,008 | | | | | | | | | | |
| | 0,007 | | | | | | | | | | |
| | 0,006 | | | | | | | | | | |
| Especificação | 0,005 | X | | | | | | | | | 1 |
| | 0,004 | X | X | | | | | | | | 2 |
| | 0,003 | X | X | X | | | | | | | 3 |
| | 0,002 | X | X | X | X | X | X | | | | 6 |
| | 0,001 | X | X | X | X | X | X | X | X | | 8 |
| 1000 | 0,000 | X | X | X | X | X | | | | | 5 |
| | − 0,001 | X | X | X | X | X | | | | | 5 |
| | − 0,002 | X | X | X | X | | | | | | 4 |
| | − 0,003 | X | X | X | | | | | | | 3 |
| | − 0,004 | X | X | | | | | | | | 2 |
| Especificação | − 0,005 | X | | | | | | | | | 1 |
| | − 0,006 | | | | | | | | | | |
| | − 0,007 | | | | | | | | | | |
| | − 0,008 | | | | | | | | | | |
| | − 0,009 | | | | | | | | | | |
| | − 0,010 | | | | | | | | | | |
| | | | | | | | | | Total | | 40 |

**Figura 2.1** Exemplo de folha de verificação para a distribuição de um processo de produção.

### 2.2.3 Exemplo de folha de verificação para localização de defeitos

Para verificar a localização de defeitos em vassouras, recomenda-se que o responsável pela inspeção concentre o quantitativo de defeitos em cada uma das três partes específicas do produto por lote inspecionado. No fim do dia, é possível verificar de maneira rápida e concisa a quantidade de defeitos por local e o lote em que os defeitos ocorreram no processo produtivo.

**Capítulo 2** Ferramentas Básicas do Controle Estatístico da Qualidade  9

| Produto: copos de cristal | | | | | | |
|---|---|---|---|---|---|---|
| Estágio de fabricação: final | | | | | | |
| Total inspecionado: 2585 peças | | | | | | |
| Inspetor: | | | Data: | | | |
| Defeitos | | Marcas | | | | Subtotal |
| Trincado | 〼 | 〼 | 〼 | / | | 16 |
| Quebrado | 〼 | 〼 | // | | | 12 |
| Deformado | 〼 | 〼 | 〼 | 〼 | / | 21 |
| Manchado | 〼 | 〼 | | | | 10 |
| Outros | /// | | | | | 03 |
| | | | | | Total | 62 |

**Figura 2.2** Exemplo de folha de verificação para item defeituoso.

A Figura 2.3 mostra a folha de verificação gerada no processo de inspeção final de fabricação das vassouras.

| Folha de localização de defeitos em vassouras | | | | | | |
|---|---|---|---|---|---|---|
| Nº do Produto: | | | Data: | | | |
| Material: | | | Inspetor: | | | |
| Fabricante: | | | | | | |
| Esquema | | | | | | |
| Matriz de localização de defeitos | | | | | | |
| Defeitos | Lote 1 | Lote 2 | Lote 3 | Lote 4 | Total | |
| Cabo | | | | | | |
| Conexão | | | | | | |
| Piaçava | | | | | | |
| **Total** | | | | | | |

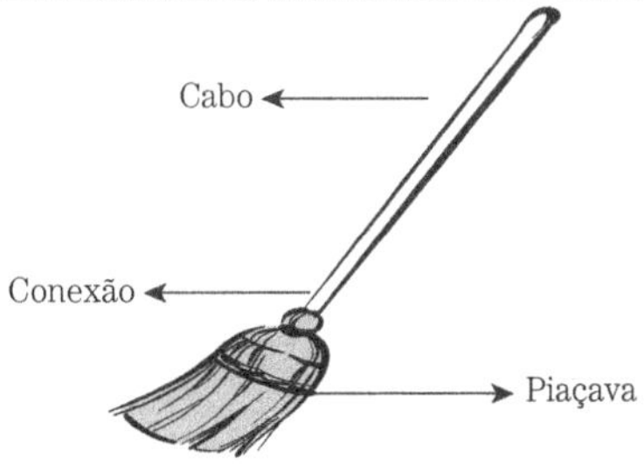

**Figura 2.3** Exemplo de folha de verificação para localização de defeitos.

## 2.2.4 Exemplo de folha de verificação de causas

Apresenta-se na Figura 2.4 uma folha de verificação de causas, utilizada no processo de inspeção de fabricação de fios de lã. Nela, o responsável pela inspeção concentra a quantidade de problemas em dois teares, onde cada tear é operado, em forma de rodízio, por dois trabalhadores, nos turnos manhã (M) e tarde (T), de segunda a sexta-feira. No fim de cada semana, é possível verificar de maneira rápida a quantidade de defeitos por tear, operador, turno e dia que os defeitos ocorreram no processo produtivo.

| Empresa: | | | | | | | | | | | | | |
|---|---|---|---|---|---|---|---|---|---|---|---|---|---|
| Processo: | | | | | | | | | | | | | |
| Inspetor: | | | | | | | | | | | Data: | | |
| Equipamento | Trabalhador | \multicolumn{10}{c|}{Dia da Semana} | Subtotal | Total |
| | | Segunda | | Terça | | Quarta | | Quinta | | Sexta | | | |
| | | M | T | M | T | M | T | M | T | M | T | | |
| Tear 1 | A | | | | | | | | | | | | |
| | B | | | | | | | | | | | | |
| Tear 2 | C | | | | | | | | | | | | |
| | D | | | | | | | | | | | | |
| | Subtotal | | | | | | | | | | | | |
| | Total | | | | | | | | | | | | |

**Figura 2.4** Exemplo de folha de verificação de causas.

## 2.2.5 Exemplo de folha de verificação de satisfação do cliente

A Figura 2.5 mostra uma folha de verificação da satisfação do cliente utilizada em um restaurante. Nela, o cliente opina a partir de uma escala Likert, proposta por Likert (1932), em que os respondentes são solicitados não só a concordarem ou discordarem das afirmações, mas também a informarem o seu grau de concordância/discordância, manifestando seu grau de satisfação para cada um dos três itens identificados como primordiais pela administração do restaurante. Neste caso, a administração fica ciente da opinião de cada cliente. Porém, a concentração das opiniões de todos os clientes é possível a partir da utilização de outro tipo de folha de verificação a ser construída para esta finalidade. Dessa forma, dependendo das necessidades do restaurante, outras folhas podem ser construídas, adequando-as ao interesse naquele momento.

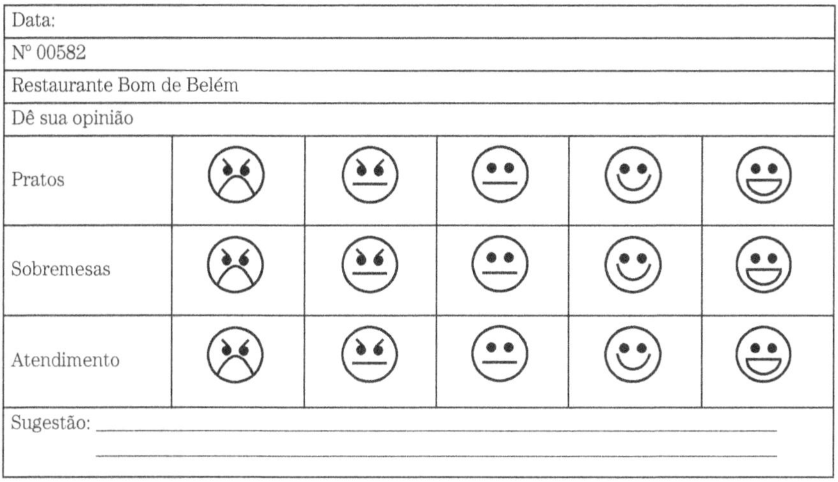

| Data: | | | | | |
|---|---|---|---|---|---|
| N° 00582 | | | | | |
| Restaurante Bom de Belém | | | | | |
| Dê sua opinião | | | | | |
| Pratos | ☹ | 😕 | 😐 | 🙂 | 😀 |
| Sobremesas | ☹ | 😕 | 😐 | 🙂 | 😀 |
| Atendimento | ☹ | 😕 | 😐 | 🙂 | 😀 |
| Sugestão: _____ | | | | | |

**Figura 2.5** Exemplo de folha de verificação para satisfação do cliente.

## 2.3 Diagrama de Ishikawa

O resultado de qualquer processo na natureza pode ser atribuído a um conjunto de fatores; além disso, uma relação de causa e efeito pode ser encontrada entre eles. Para encontrar essa relação de maneira sistemáticas utiliza-se o diagrama de Ishikawa, também conhecido como diagrama de causa e efeito ou "espinha de peixe", porque dispõe os fatores ou as causas em um esquema parecido com uma espinha dorsal de peixe.

O químico e professor Kaoru Ishikawa ficou conhecido como o "pai do diagrama Ishikawa" quando, em 1953, agrupou de maneira sistemática os diversos fatores que causavam variações em uma determinada característica da qualidade. Esse agrupamento se mostrou bastante eficaz, pois setorizava os diversos fatores, tornando-os mais simples à compreensão, assim como à descoberta orientada das causas de outros problemas. Hoje, o diagrama faz parte das Normas Industriais Japonesas (JIS), sendo aplicado não só nos problemas relativos a qualidade como em outros campos.

Os fatores ou as causas no diagrama de Ishikawa são classificados, de maneira geral, em seis agrupamentos ou categorias:

1. mão de obra
2. máquina
3. matéria-prima

4. métodos
5. medida
6. meio ambiente

A seguir, será apresentado um exemplo contendo os passos para a construção de um diagrama de Ishikawa.

### 2.3.1 Construção do diagrama de Ishikawa

**1º Passo:** Identifique o problema (*efeito*) a ser resolvido, por exemplo, índice alto de evasão escolar na 4ª série. Convide todas as pessoas atingidas pelo problema, sobretudo aqueles que têm experiência no assunto. Por exemplo, em problemas envolvendo uma escola: inclua diretores, pais, professores, alunos, serventes, entre outros; uma indústria: inclua operadores, supervisores, engenheiros, gerentes, consultores, entre outros. Isso possibilita que todos os envolvidos contribuam de maneira participativa na descoberta das causas (*fatores*).

**2º Passo:** Elege-se um líder que deve de imediato esclarecer o problema (*efeito*) a todos os participantes para que se forme uma ideia clara de sua importância.

**3º Passo:** Desenha-se o diagrama em um quadro à vista de todos, colocando o problema (*efeito*) dentro do quadrado no lado direito, unindo este a uma linha reta, que representa a espinha dorsal, do lado esquerdo (Figura 2.6).

**4º Passo:** Listam-se as causas por meio de livre associação de ideias (*brainstorming*). É importante que nesta etapa não sejam feitas críticas ou discussões sobre as causas apresentadas. É necessário que se crie um clima em que todos possam opinar livremente. O método de solicitar a opinião de cada um do grupo no "giro de mesa" é bastante útil.

Em seguida, identificam-se os principais grupos de causas sob a forma de ramificações dispostas obliquamente à espinha dorsal. Uma sugestão é utilizar como ramificações o grupo dos 6M's: mão de obra, máquina, matéria-prima, medidas, meio ambiente e métodos. As causas devem então ser escritas em cada uma das ramificações correspondentes, conforme a Figura 2.7, acrescentando sub-ramificações quando necessário.

**5º Passo:** Determina-se a importância das várias causas após duas "rodadas de mesa", se ninguém tiver mais novas causas a apresentar. Nesta etapa, cada participante atribuirá uma nota (de 0 a 10) a cada uma das causas listadas no diagrama e as dez primeiras, com base na ordem de pontuação, serão selecionadas para uma segunda votação. Nesta, somente algumas poderão ser observadas e tratadas prioritariamente. Um exemplo completo é mostrado na Figura 2.8, desenvolvido por um grupo de especialistas para identificar as causas do alto índice de evasão escolar de 1ª a 4ª série.

**Figura 2.6** Processo de construção de um diagrama de Ishikawa – fase inicial.

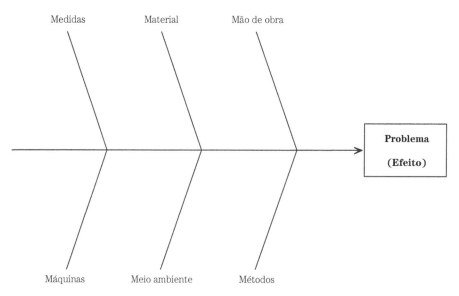

**Figura 2.7** Exemplo de diagrama de Ishikawa.

## 2.4 Gráfico de Pareto

O gráfico de Pareto é um método gráfico de apresentação de dados por ordem de tamanho, importância ou prioridade. O gráfico tem esse nome em homenagem ao economista italiano Vilfredo Pareto, que em 1897 mostrou, por meio da distribuição da renda, que poucas pessoas detinham a maior parte da renda enquanto muitas pessoas ficavam com pouca renda. O engenheiro eletricista Dr. Joseph Moses Juran, conhecido como o "pai da qualidade", foi quem primeiro o utilizou na área da qualidade, como uma forma de classificar os problemas

## 14 Controle Estatístico da Qualidade

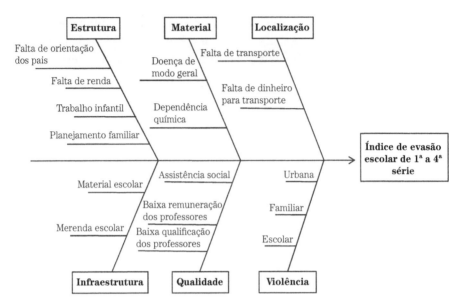

**Figura 2.8** Exemplo de diagrama de Ishikawa utilizado para identificar as causas do alto índice de evasão escolar de 1ª a 4ª série.

relativos à qualidade em "pouco vitais" e "muito triviais". Os "pouco vitais" são aqueles problemas que causam grande número de perdas ou defeitos, ou seja, aqueles poucos problemas que afetam grandemente a qualidade, ao passo que os "muito triviais" são aqueles problemas que afetam pouco a qualidade dos produtos ou serviços.

A utilização do gráfico de Pareto permite identificar com eficiência esses tipos de problemas. Localizando os de maior importância, e, desta forma, podendo-se destacar equipes de trabalho para a identificação das possíveis causas ou causas de maiores relevâncias.

Muitas vezes, o gráfico de Pareto é utilizado na análise e na estratificação de processos. Neste caso, cada item do gráfico é desdobrado em um novo gráfico de Pareto com novos itens. A seguir apresenta-se um exemplo com os passos para a construção do gráfico de Pareto.

### 2.4.1 Construção do gráfico de Pareto

**1º Passo** Coleta de Dados: identificar o tipo de problema a ser investigado (p. ex., tipos de defeitos por peça); utilizar uma folha de verificação prepa-

**Capítulo 2** Ferramentas Básicas do Controle Estatístico da Qualidade    **15**

rada para a coleta dos dados. A Figura 2.9 apresenta a folha de verificação dos tipos de defeitos no processo de inspeção de capôs de carros.

**2º Passo** Organização dos dados: organizar os dados em uma tabela, observando a ordem decrescente dos itens. O item "outros" deve sempre ser relacionado no final, não importando a sua ordem de grandeza, conforme a Tabela 2.1.

**3º Passo** Cálculo do percentual de cada defeito: é a relação entre a quantidade de um item (defeito) específico e o total. Calcula-se o percentual de cada defeito listado a partir de

$$\text{Percentual} = \frac{\text{Quantidade} \times 100}{\text{Total}}. \quad (2.1)$$

| Produto: Capôs de Carros | | | | | | | | | |
|---|---|---|---|---|---|---|---|---|---|
| Estágio de Fabricação: Final | | | | | | | | | |
| Total Inspecionado: 70 unidades | | | | | | | | | |
| Inspetor: | | | | | | | Data: | | |
| Defeitos | Marca | | | | | | | | Subtotal |
| Risco | //// | //// | /// | | | | | | 11 |
| Pintura | //// | //// | //// | //// | | | | | 16 |
| Galvanização | //// | /// | | | | | | | 7 |
| Deformação | // | | | | | | | | 2 |
| Sujeira | //// | //// | //// | //// | //// | //// | //// | //// | 32 |
| Outros | // | | | | | | | | 2 |
| | | | | | | | | Total | 70 |

**Figura 2.9** Folha de verificação dos tipos de defeitos no processo de inspeção de capôs de carros.

**Tabela 2.1** Quantidade dos tipos de defeitos no processo de inspeção de capôs de carros

| Defeitos | Quantidade |
|---|---|
| Sujeira | 32 |
| Pintura | 16 |
| Risco | 11 |
| Galvanização | 07 |
| Deformação | 02 |
| Outros | 02 |
| Total | 70 |

Por exemplo, no caso do defeito sujeira, tem-se

$$\text{Percentual} = \frac{32 \times 100}{70} = \frac{3200}{70} = 45{,}71\%. \qquad (2.2)$$

**4º Passo** Cálculo dos percentuais acumulados: é o acúmulo (soma) sucessivo a partir do percentual do primeiro até o último defeito, totalizando 100%. Isso pode ser feito registrando-se na mesma tabela uma nova coluna para o resultado da soma acumulada de cada um desses percentuais, conforme a Tabela 2.2.

**5º Passo** Elaboração do gráfico de Pareto: traçar dois eixos verticais e, entre os dois, um eixo horizontal. No eixo vertical esquerdo, graduar uma escala de 0 (zero) até o valor total de quantidades.

No eixo vertical direito, graduar uma escala de 0 (zero) até 100%. No eixo horizontal, da esquerda para direita, desenhar as colunas correspondentes aos defeitos de maior ordem de grandeza, acrescentando o nome de cada defeito embaixo de cada uma das colunas.

Caso não seja possível, construir uma legenda que represente cada um dos defeitos e desenhar a curva, marcando os valores percentuais acumulados do lado direito de cada uma das barras. Em seguida, ligar esses pontos por segmentos de reta até que o valor de 100% seja alcançado no lado superior direito.

Finalmente, escreva o título do gráfico e também dos eixos verticais e horizontais. Adicionar ainda demais informações que julgar necessárias.

### 2.4.2 Análise e utilização do gráfico de Pareto

A primeira impressão que se tem do gráfico de Pareto é a distinção entre os itens de maior percentual relativo e os de percentuais menos significantes. O item "outros" deve estar, em geral, com a menor percentagem relativa. Se isso não acontecer, é necessário fazer nova classificação, incluindo novos itens se for o caso. Portanto, é necessário que a classificação dos itens seja feita desde a fase da coleta de dados.

Em muitos casos, é útil representar o gráfico de Pareto conforme os custos monetários de cada item, pois os de maior custo são atacados primeiramente pelas empresas. Nada impede que os itens de menor custo sejam atacados paralelamente aos de maior custo, desde que sejam de rápida e simples solução.

O gráfico de Pareto é inicialmente usado para identificar os defeitos de determinado problema e posteriormente para identificar as causas desse problema. Quando utilizado para identificar os defeitos, pode ser construído sob os seguin-

**Tabela 2.2** Tipos de defeitos no processo de inspeção de capôs de carros

| Defeitos | Quantidade | % Defeitos | % Acumulado |
|---|---|---|---|
| Sujeira | 32 | 45,71 | 45,71 |
| Pintura | 16 | 22,86 | 68,57 |
| Risco | 11 | 15,71 | 84,28 |
| Galvanização | 07 | 10,00 | 94,28 |
| Deformação | 02 | 2,86 | 97,14 |
| Outros | 02 | 2,86 | 100,00 |
| Total | 70 | 100,00 | — |

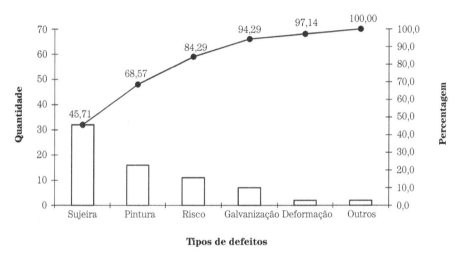

**Figura 2.10** Exemplo de gráfico de Pareto para os tipos de defeitos no processo de inspeção de capôs de carros.

tes aspectos: qualidade, custo, segurança e atendimento. Quando usado para identificar a causa do problema, o gráfico de Pareto pode ser construído sob os seguintes aspectos: operador, máquina, matéria-prima e métodos de operação.

## 2.5 Histograma

A fabricação de um produto por determinado processo depende de uma série de etapas e de uma série de fatores. Em geral, esses fatores variam segundo duas causas. A primeira delas é a causa aleatória, inerente ao processo de fabricação; ela nunca desaparecerá, mas poderá ser controlada ou até mesmo reduzida. A segunda delas é a causa atribuível, que acontece quando alguns dos fatores do processo de fabricação mudam sensivelmente de estágio, por exemplo, quando ocorre quebra de máquina, mudança de métodos de operação, mudança de pessoal, etc.

As causas aleatórias geralmente produzem produtos segundo uma certa lei de formação. Na maioria dos casos na natureza, os dados coletados de processos se comportam segundo uma distribuição normal ou, quando isso não acontece podem ser aproximados por uma distribuição conhecida.

O histograma representa a distribuição de frequência dos dados. Portanto, o *histograma* é a representação gráfica de uma distribuição de frequência a partir de retângulos justapostos, em que a base colocada no eixo das abscissas corresponde ao intervalo das classes e a altura é dada pela frequência absoluta (ou relativa) das classes.

O histograma tem como utilidades:

1. comparar a distribuição dos dados com o padrão ou com limites de especificação
2. verificar a existência de dados dissociados dos demais dados
3. obter várias estatísticas da amostra (média, desvio padrão, etc.)

A seguir apresenta-se um exemplo com passos para a construção do histograma.

### 2.5.1 Construção do histograma

**1º Passo** Construir a tabela de frequência indicando-se as classes e a frequência ($f_i$), conforme a Tabela 2.3.

**Tabela 2.3** Distribuição de frequência da temperatura (°C) de 18 salas de operação de uma fábrica

| Classes | Frequência ($f_i$) |
|---|---|
| 0 ⊢ 10 | 2 |
| 10 ⊢ 20 | 4 |
| 20 ⊢ 30 | 6 |
| 30 ⊢ 40 | 4 |
| 40 ⊢ 50 | 2 |
| Total | 18 |

**Nota:** O símbolo ⊢ inclui o valor à esquerda e exclui o valor à direita.

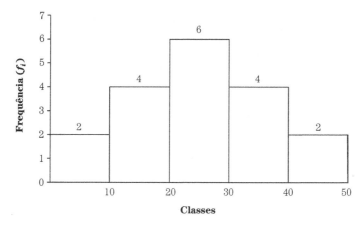

**Figura 2.11** Exemplo de histograma da distribuição de frequência da temperatura (°C) de 18 salas de operação de uma fábrica.

**2º Passo** O histograma é construído marcando-se no eixo das abscissas os limites da 1ª classe, 2ª classe e assim sucessivamente até a última classe. No eixo das ordenadas, são marcadas as frequências correspondentes a cada classe. A partir do eixo das abscissas, são construídos retângulos, com largura igual à largura de cada classe e comprimento igual à frequência da classe correspondente. É conveniente que exista um equilíbrio nas escalas dos eixos, de maneira a facilitar a interpretação dos resultados do histograma. O histograma deve vir acompanhado do título dos eixos, fonte e todas as informações que se julgarem necessárias para seu melhor entendimento.

## 2.5.2 Comparação do histograma com limites de especificação

Os limites de especificação superior ($LS$) e inferior ($LI$) são exigências normalmente adotadas pelo próprio consumidor ou pelo departamento de produção ou execução do serviço. Após serem estabelecidos os limites de especificação (superior e inferior), pode-se avaliar a distribuição dos dados e até mesmo tomar ações corretivas caso essa distribuição não atenda a esses limites.

Comparações típicas da especificação de um processo utilizando o histograma são mostradas nas Figuras 2.12, 2.13, 2.14, 2.15, 2.16 e 2.17.

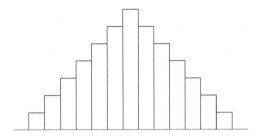

**Figura 2.12** Exemplo de histograma de um processo.

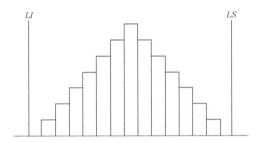

**Figura 2.13** Exemplo de histograma que satisfaz amplamente os limites.

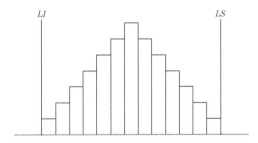

**Figura 2.14** Exemplo de histograma que satisfaz os limites.

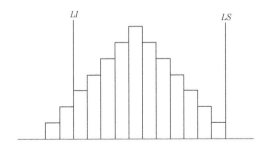

**Figura 2.15** Exemplo de histograma que não satisfaz o limite inferior.

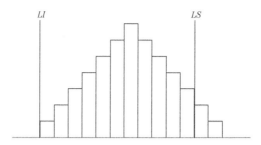

**Figura 2.16** Exemplo de histograma que não satisfaz o limite superior.

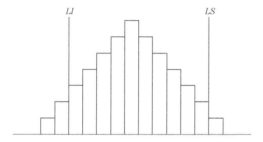

**Figura 2.17** Exemplo de histograma que não satisfaz os limites superior e inferior.

## 2.6 Diagrama de correlação ou diagrama de dispersão

O diagrama de correlação ou diagrama de dispersão é um gráfico que permite verificar a relação entre duas variáveis quaisquer de um processo normalmente as variáveis são denominadas de $X$ e $Y$, onde $X$ é considerada a variável independente, e $Y$ a variável dependente. Por exemplo, quando se quer verificar a relação entre altura ($X$) e peso ($Y$) de um número qualquer de estudantes, ou entre resistência mecânica ($Y$) e densidade ($X$), ou entre temperatura ($X$) e rendimento de produção ($Y$), o gráfico de correlação é a ferramenta que melhor permite a visualização da tendência (relação linear) de crescimento, decréscimo ou ausência de relação entre essas variáveis do processo.

O gráfico de correlação é bastante utilizado quando se quer saber a relação linear entre um fator (causa) e a característica da qualidade (efeito), ou entre fatores de um diagrama de Ishikawa relacionados a uma única característica da qualidade.

A relação entre as variáveis pode ser classificada basicamente em três tipos:
1. correlação linear positiva;
2. correlação linear negativa;
3. ausência de correlação linear.

### 2.6.1 Correlação linear positiva

Indica que o acréscimo na variável $X$ implica necessariamente um acréscimo na variável $Y$ e vice-versa. Neste tipo de correlação, os pontos no gráfico estão pouco dispersos em relação a uma reta que passa pelos pontos. A Figura 2.18 representa graficamente o comportamento de duas variáveis correlacionadas positivamente.

### 2.6.2 Correlação linear negativa

Indica que o acréscimo na variável $X$ implica necessariamente um decréscimo na variável $Y$ e vice-versa. Neste tipo de correlação, os pontos no gráfico estão poucos dispersos em relação a uma reta que passa pelos pontos. A Figura 2.19 representa graficamente o comportamento de duas variáveis correlacionadas negativamente.

### 2.6.3 Ausência de correlação linear

Não existe uma relação linear bem definida entre as variáveis $X$ e $Y$. Neste tipo de correlação, os pontos no gráfico estão sob a forma de uma nuvem bastante dispersa ou qualquer outra forma diferente da linear, conforme mostra a Figura 2.20.

A seguir é apresentado um exemplo contendo os passos para a construção do diagrama de correlação.

### 2.6.4 Construção do diagrama de correlação

**1º Passo:** É recomendável coletar um número superior ou igual a 30 pares de dados, conforme a Tabela 2.4.

**Capítulo 2** Ferramentas Básicas do Controle Estatístico da Qualidade **23**

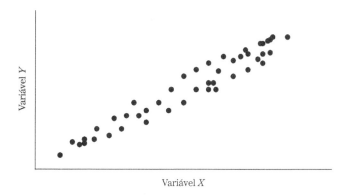

**Figura 2.18** Exemplo de diagrama de correlação linear positiva entre as variáveis $X$ e $Y$.

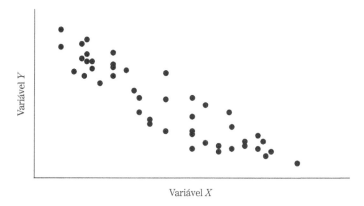

**Figura 2.19** Exemplo de diagrama de correlação linear negativa entre as variáveis $X$ e $Y$.

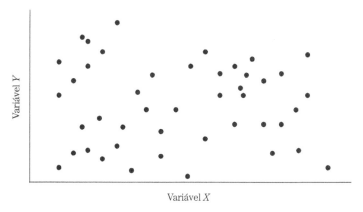

**Figura 2.20** Exemplo de diagrama com ausência de correlação linear entre as variáveis $X$ e $Y$.

**Tabela 2.4** Dados de temperatura de reação (°C) e rendimento (%) de um processo químico

| N° | Temperatura de reação (°C) | Rendimento (%) | N° | Temperatura de reação (°C) | Rendimento (%) |
|---|---|---|---|---|---|
| 01 | 82,00 | 90,50 | 16 | 77,00 | 83,50 |
| 02 | 81,00 | 89,50 | 17 | 77,00 | 82,50 |
| 03 | 80,00 | 88,00 | 18 | 77,00 | 82,50 |
| 04 | 80,00 | 88,00 | 19 | 77,00 | 82,50 |
| 05 | 80,00 | 87,50 | 20 | 75,00 | 82,00 |
| 06 | 80,00 | 86,50 | 21 | 75,00 | 81,00 |
| 07 | 79,00 | 86,50 | 22 | 75,00 | 81,00 |
| 08 | 79,00 | 86,50 | 23 | 75,00 | 80,50 |
| 09 | 79,00 | 86,00 | 24 | 75,00 | 80,50 |
| 10 | 79,00 | 86,00 | 25 | 74,00 | 80,00 |
| 11 | 79,00 | 84,50 | 26 | 74,00 | 80,00 |
| 12 | 78,00 | 84,50 | 27 | 75,00 | 79,50 |
| 13 | 78,00 | 84,50 | 28 | 73,00 | 78,50 |
| 14 | 78,00 | 84,00 | 29 | 72,00 | 78,50 |
| 15 | 78,00 | 84,00 | 30 | 72,00 | 78,50 |

**2° Passo:** Com o uso de um papel, graduar a coluna vertical de cima para baixo, iniciando com o maior valor, e a coluna horizontal da esquerda para direita, iniciando com o menor valor.

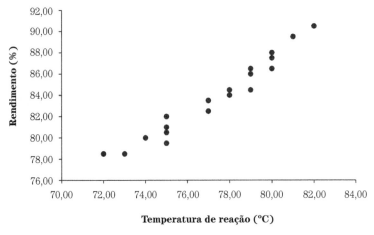

**Figura 2.21** Exemplo de diagrama de dispersão de um processo químico.

É normal utilizar o eixo horizontal para graduar a variável causa ($X$) e o eixo vertical para a variável efeito ($Y$).

**3º Passo:** Plotar no diagrama os vários pares ordenados.

**4º Passo:** Escrever no gráfico o título dos eixos e demais informações que julgar necessárias, etc.

### 2.6.5 Cálculo do coeficiente de correlação linear de Pearson

Uma ferramenta para quantificar a relação linear entre as variáveis $X$ e $Y$ é o coeficiente de correlação linear de Pearson ($r$). Esse coeficiente mede o grau de relação entre as variáveis em termos quantitativos e seu valor varia na faixa de $-1 \leq r \leq +1$, onde $r = +1$ significa que os pontos desenhados no diagrama de dispersão estão perfeitamente alinhados em uma reta que passa por eles com inclinação positiva. O valor de $r = 0$ significa que não existe grau de relação linear entre as variáveis analisadas; e $r = -1$ indica que a relação é negativa. A Figura 2.22 apresenta uma escala de correlação entre as variáveis $X$ e $Y$.

O valor do coeficiente de correlação $r$ é calculado utilizando

$$r = \frac{\sum_{i=1}^{n}(x_i - \bar{x})(y_i - \bar{y})}{\sqrt{\sum_{i=1}^{n}(x_i - \bar{x})^2 \sum_{i=1}^{n}(y_i - \bar{y})^2}}, \qquad (2.3)$$

onde $\bar{x} = \dfrac{1}{n}\sum_{i=1}^{n} x_i$, $\bar{y} = \dfrac{1}{n}\sum_{i=1}^{n} y_i$ e $n$ é o tamanho amostral.

**Figura 2.22** Escala de correlação linear entre as variáveis $X$ e $Y$.

**Exercício resolvido 2.6.5:** Sejam os somatórios oriundos da Tabela 2.4 dados por:

$\sum(x_i - \bar{x})(y_i - \bar{y}) = 257{,}75$ $\qquad \bar{x} = 77{,}10$

$\sum(x_i - \bar{x})^2 = 208{,}70$ $\qquad \bar{y} = 83{,}60$

$\sum(y_i - \bar{y})^2 = 335{,}55$ $\qquad n = 30$

Então o coeficiente de correlação linear de Pearson é dado por:

$$r = \frac{\sum_{i=1}^{n}(x_i - \bar{x})(y_i - \bar{y})}{\sqrt{\sum_{i=1}^{n}(x_i - \bar{x})^2 \sum_{i=1}^{n}(y_i - \bar{y})^2}} = \frac{257{,}75}{\sqrt{208{,}70 \times 335{,}55}} = 0{,}974.$$

Adotando-se a escala apresentada na Figura 2.22, pode-se concluir que o valor de $r = 0{,}974$ corresponde a uma forte correlação positiva.

## 2.7 Exercícios

1. Proponha uma estratificação para a realização de uma pesquisa de satisfação dos servidores de um hospital.
2. Proponha uma estratificação com o objetivo de pesquisar e localizar os defeitos em embalagens de leite de uma indústria.
3. Faça um diagrama de causa e efeito para analisar o tempo elevado de carga e descarga em um armazém.
4. Faça um diagrama de causa e efeito para identificar os problemas de baixa qualidade no restaurante de uma empresa.
5. Deseja-se fazer um estudo sobre os tipos de ciclos menstruais, que podem variar entre fraco, regular, intenso, com dor e outros, em pacientes de uma determinada clínica, com idades entre: menores de 12, de 12 a 18 anos, de 19 a 25 anos, de 26 a 30 anos, de 31 a 45 anos e maiores que 45 anos. A partir dessas informações, construa uma folha de verificação que deverá conter os campos: nome da clínica, nome do médico, data, tipo de ciclo menstrual, idade da paciente e total.
6. Uma rede de farmácias deseja fazer um estudo sobre o baixo desempenho de seus colaboradores. Para isso, destacou três itens a serem pes-

quisados: faltas, atraso e saída antecipada. A partir dessas informações, construa uma folha de verificação, a qual deverá conter os campos: número da unidade da rede, nome do gerente da unidade, período de análise, itens e total.

7. Considere que uma empresa distribuidora de produtos alimentícios deseja fazer um estudo dos defeitos nas embalagens dos produtos por ela destruídos. Sabe-se que os tipos de embalagens são: plástico, papelão, metal e vidro e que os tipos de defeitos são: amassado, sujo, quebrado, oxidado, trincado, vazado e sem rótulo. A partir destas informações, construa uma folha de verificação, a qual deverá conter os campos: nome da empresa, nome do responsável, período de análise, tipos de embalagens, tipos de defeitos e total.

8. Considere que uma empresa copiadora, após iniciar um programa de melhoria da qualidade, deseja fazer um estudo para quantificar os principais problemas de funcionamento durante uma semana. Para tanto, elegeu para o estudo os seguintes problemas: falta de papel, falta de *toner*, cópias claras, cópias escuras, não funcionamento do separador de cópias, alimentador de documentos com defeito e outros. A partir dessas informações, construa uma folha de verificação, a qual deverá conter os campos: nome da empresa, nome do responsável, período, dias da semana, tipos de problemas e total.

9. Em um fábrica produtora de cerâmicas, a espessura padrão da peça é de 7,0 mm. Quando a espessura da peça está entre 6,5 mm e 7,5 mm é colocada no mercado para venda. Quando a espessura da peça está abaixo de 6,5 mm ou acima de 7,5 mm não pode ser colocada no mercado para venda. A partir dessas informações, construa uma folha de verificação para a distribuição do processo de fabricação de cerâmica, a qual deverá conter os campos: nome da empresa, produto, nome do responsável, data, espessura da peça (mínimo de 6,0 mm e máximo de 8,0 mm) e total.

10. Uma escola após receber um lote de livros didáticos, percebeu que os mesmos apresentavam defeitos como: páginas grudadas, capas rasgadas, falta de capa, letras apagadas, sem algumas folhas e páginas manchadas. A partir dessas informações, construa uma folha de verificação, a qual deverá conter os campos: título do livro, nome do responsável, data, tipo de defeito e total.

11. Um hospital terceirizou o serviço de lavanderia e resolveu fazer um estudo dos principais itens defeituosos encontrados nas roupas após chegarem da lavanderia contratada. Os defeitos a serem estudados são: mancha, queimadura, rasgão, sujeira e amasso. A partir dessas informações, construa uma folha de verificação, a qual deverá conter os campos: nome do hospital, nome da lavanderia, nome do responsável pela inspeção, data, tipo de defeito e total.
12. Uma empresa fabricante de refrigeradores resolveu fazer um estudo para avaliar a quantidade de defeitos encontrados na carcaça dos mesmos. Sabendo que a carcaça do refrigerador é dividida em seis partes (lateral esquerda, lateral direita, superior, inferior, frontal e costas), construa uma folha de verificação para localização de defeitos para cada cinco lotes produzidos, a qual deverá conter os campos: nome da empresa, modelo do produto, nome do responsável pela inspeção, data, lotes, local de defeito e total.
13. Uma fábrica de talheres produz um talher composto de uma parte de aço e um cabo de madeira produzidos em lotes. A partir desses dados, construa uma folha de verificação para localização de defeitos para cada quatro lotes fabricados.
14. Em um minimercado, existem duas máquinas registradoras (Máquina 1 e Máquina 2), que são utilizadas por quatro operadoras de caixa (A, B, C e D), em dois turnos (Turno 1 e Turno 2). Ultimamente, o tamanho da fila no minimercado tem aumentado, trazendo prejuízos ao mesmo. A gerência determina que cada cliente deve ser atendido em no máximo sete minutos; aqueles que levarem mais de sete minutos em atendimentos serão contabilizados como não conforme. A partir dessas informações construa uma folha de verificação em que possam ser feitas anotações das não conformidades no período de uma semana de funcionamento do minimercado. A folha de verificação deverá conter: nome da empresa, nome do responsável pela inspeção, data, equipamentos, operadoras, dias da semana, subtotal e total.
15. Um supermercado deseja verificar o nível de satisfação de seus clientes em relação a atendimento, instalações, localização, diversidade de produtos e infraestrutura, atribuindo os seguintes graus de satisfação: péssimo, ruim, regular, bom e ótimo. A partir desses dados, construa uma folha de verificação de satisfação desses clientes.
16. Aroma, sabor, embalagem, pureza e preço são atributos a serem avaliados em uma determinada marca de café, a partir de três categorias: insatisfeito (I), indeciso (IND) e satisfeito (S). Construa uma folha de verificação

para grau de satisfação dos consumidores deste café, a qual deverá conter os campos: nome do café, número da folha e data.
17. Construa um diagrama de Ishikawa apresentando as principais causas para o problema de atraso nas aulas de uma determinada escola.
18. Construa um diagrama de Ishikawa para descobrir as causas da má qualidade dos serviços e produtos de um restaurante, levando em consideração que as ramificações principais são: instalações, higienização, comida, localização, atendimento e infraestrutura.
19. Uma assistência técnica autorizada de eletrodomésticos constatou e quantificou em seus atendimentos a ocorrência de cinco tipos de defeitos nos aparelhos eletrônicos, denominados de A, B, C, D e outros, sendo que as quantidades de defeitos são 30, 40, 70, 50 e 10, respectivamente. A partir desses dados, construa o gráfico de Pareto.
20. Um hospital identificou e quantificou seis causas para o cancelamentos de cirurgias. São elas financeiro, histórico incompleto, liberação médica, remarcação e outras causas, sendo que as quantidades são 8, 48, 18, 14 e 2, respectivamente. A partir desses dados, construa o gráfico de Pareto.
21. Observado o gráfico de Pareto construído no exercício anterior, faça uma análise do mesmo, destacando os principais motivos de cancelamento das cirurgias.
22. A Tabela 2.5 apresenta os dados da força de resistência à ruptura de 100 garrafas de refrigerante de um litro. A partir desses dados, construa um histograma.

**Tabela 2.5** Distribuição de frequência da força da resistência à ruptura de 100 garrafas de refrigerantes de um litro

| Intervalo de classe | Frequência |
|---|---|
| 170 ⊢ 190 | 2 |
| 190 ⊢ 210 | 4 |
| 210 ⊢ 230 | 7 |
| 230 ⊢ 250 | 13 |
| 250 ⊢ 270 | 32 |
| 270 ⊢ 290 | 24 |
| 290 ⊢ 310 | 11 |
| 310 ⊢ 330 | 4 |
| 330 ⊢ 350 | 3 |
| Total | 100 |

**Nota:** O símbolo ⊢ inclui o valor à esquerda e exclui o valor à direita.

23. A partir dos dados da Tabela 2.6, construa o diagrama de correlação.
24. A Tabela 2.7 apresenta os dados de um processo de fundição do magnésio, onde a recuperação de metal é representada por ($Y$) e os valores correspondentes ao fluxo de regeneração adicionada ao cadinho por ($X$). Com base nos dados, identifique as relações potenciais entre as duas variáveis a partir do cálculo do coeficiente de correlação.

**Tabela 2.6** Dados da força da resistência à ruptura e do peso em gramas da garrafa de refrigerante avaliada

| Nº | Força de resistência à ruptura | Peso | Nº | Força de resistência à ruptura | Peso |
|---|---|---|---|---|---|
| 1 | 265 | 26,00 | 14 | 242 | 26,00 |
| 2 | 197 | 22,50 | 15 | 254 | 25,50 |
| 3 | 346 | 29,00 | 16 | 235 | 24,50 |
| 4 | 280 | 28,00 | 17 | 176 | 21,50 |
| 5 | 265 | 26,50 | 18 | 262 | 24,50 |
| 6 | 200 | 23,00 | 19 | 248 | 26,00 |
| 7 | 221 | 23,50 | 20 | 250 | 25,50 |
| 8 | 265 | 24,50 | 21 | 263 | 26,50 |
| 9 | 261 | 26,00 | 22 | 274 | 27,50 |
| 10 | 278 | 29,00 | 23 | 242 | 25,00 |
| 11 | 205 | 24,00 | 24 | 260 | 25,50 |
| 12 | 286 | 28,50 | 25 | 281 | 26,50 |
| 13 | 317 | 28,50 | | | |

**Tabela 2.7** Dados de recuperção de metal e fluxo de recuperação de um processo de fundição do magnésio

| Nº | Fluxo de recuperação | Recuperação de metal |
|---|---|---|
| 1 | 6 | 72 |
| 2 | 10 | 74 |
| 3 | 13 | 79 |
| 4 | 16 | 80 |
| 5 | 25 | 85 |
| 6 | 28 | 90 |
| 7 | 30 | 98 |
| Total | 128 | 578 |

# Capítulo 3

# Visão Geral de Inferência e Gráficos de Controle

## 3.1 Visão geral de inferência

A *Estatística* é uma ciência que se propõe a coletar, organizar e analisar os dados para tomada de decisões. Didaticamente ela está dividida em duas partes: (1) *Estatística Descritiva*, que tem por objetivo descrever características importantes de uma população por meio de tabelas e gráficos, e (2) a *Estatística Indutiva* ou *Inferencial*, que utiliza dados amostrais para fazer inferências (ou generalizações) sobre uma população. Isto consiste em, por exemplo, estimar o valor de um parâmetro populacional para formular uma conclusão sobre uma população.

Considere $X$ uma variável aleatória com função densidade (ou de probabilidade) denotada por $f(x|\theta)$, onde $\theta$ é um parâmetro desconhecido, diz-se que uma população é o conjunto de valores de uma característica (observável) associada a uma coleção de indivíduos de interesse. Logo, define-se como uma amostra aleatória $x_1, x_2, \ldots, x_n$ uma sequência de $n$ variáveis aleatórias independentes e identicamente distribuídas ($i.i.d.$) com função densidade ($f.d.p.$), no caso contínuo, e função de probabilidade ($f.p.$), no caso discreto.

Qualquer característica dos elementos da população é chamada de parâmetro, isto é, uma quantidade numérica desconhecida e que se deseja estimar; por exemplo, a média $\mu = E(X)$ ou a variância $\sigma^2 = Var(X)$.

Um estimador é uma estatística amostral, por exemplo, a média amostral e o desvio padrão amostral dados, respectivamente, por

$$\bar{X} = \frac{1}{m}\sum_{j=1}^{m} X_j \qquad (3.1)$$

e

$$S = \sqrt{\frac{1}{m-1}\sum_{j=1}^{m}(X_j - \bar{X})^2}, \qquad (3.2)$$

onde $m$ é o tamanho amostral. A estimativa é um valor específico ou um intervalo de valores resultante do estimador, ou seja, o estimador é uma fórmula e a estimativa é o valor numérico.

Para todas as populações, diz-se que a média amostral $\bar{X}$ é um estimador não viesado da média populacional $\mu$. Um estimador $T(X)$ é dito não viesado (não tendencioso) de $\theta$ se $E[T(X)] = \theta$, $\forall\ \theta$. Isso significa que a distribuição de médias amostrais tende a centrar-se em torno da média populacional $\mu$. Isto é, as médias amostrais não tendem a sobrestimar nem a subestimar sistematicamente o valor de $\mu$; ao contrário, tendem para o valor-alvo, que é o próprio valor de $\mu$.

Como a média amostral $\bar{X}$ é um valor único que corresponde a um ponto na escala numérica, ela é comumente chamada de estimativa pontual. Quando um intervalo de valores tem probabilidade de conter o verdadeiro valor da população, este é denominado de intervalo de confiança (ou estimativa intervalar).

Um intervalo de confiança está associado a um nível de confiança, que é uma medida da certeza de que o intervalo contém o parâmetro populacional. O nível ou grau de confiança ($\gamma$) é a probabilidade $(1 - \alpha)$ do intervalo de confiança conter o verdadeiro parâmetro populacional, comumente expresso pelo valor percentual equivalente, onde $\alpha$ é o nível de significância. São escolhas comuns para o grau de confiança: 90% (com $\alpha = 0,10$), 95% (com $\alpha = 0,05$) e 99% (com $\alpha = 0,01$).

Em controle estatístico da qualidade, a estimação da dispersão ($\sigma$) e do nível ($\mu$) do processo é fundamental para a construção dos gráficos de controle. Os procedimentos de estimação abordados nas próximas seções podem ser vistos com maiores detalhes em Mittag e Rinne (1993).

## 3.1.1 Estimando a dispersão do processo

Nesta seção, são apresentados seis procedimentos de estimação da disperção amostral. São eles:

### i) Variância amostral

Se $m$ amostras da característica da qualidade $X$ ($X \sim N(\mu, \sigma^2)$) são analisadas, cada uma com tamanho $n$, um estimador não tendencioso (Morettin, 2009) de $\sigma^2$ pode ser dado pela média das $m$ variâncias amostrais,

$$\bar{S}^2 = \frac{1}{m} \sum_{j=1}^{m} S_j^2, \tag{3.3}$$

onde a variância amostral do $j$-ésimo subgrupo $S_j^2$ é obtida por

$$S_j^2 = \frac{1}{n-1} \sum_{i=1}^{n} (X_i - \bar{X}_j)^2, \quad j = 1, 2, \ldots, m, \tag{3.4}$$

onde

$$\bar{X}_j = \frac{1}{n} \sum_{i=1}^{n} X_i, \quad j = 1, 2, \ldots, m, \tag{3.5}$$

denota a média do $j$-ésimo subgrupo.

A partir da estatística $(n-1)S_j^2/\sigma^2$ que tem distribuição qui-quadrado com $n-1$ graus de liberdade, pode-se verificar

$$E[S_j^2] = \sigma^2 \tag{3.6}$$

e

$$Var[S_j^2] = \frac{2\sigma^4}{n-1}. \tag{3.7}$$

A partir de (3.7) e considerando o estimador para $\sigma^2$ dado por (3.3), tem-se um estimador não tendencioso para o desvio padrão de $S_j^2$ dado por

$$DP[S_j^2] = \bar{S}^2 \sqrt{\frac{2}{n-1}}. \tag{3.8}$$

Se o valor de $\sigma$ da dispersão do processo não é conhecido, pode-se estimá-lo a partir dos dados observados.

## ii) Desvio-padrão amostral corrigido

Seja $X_1, \ldots, X_n$ uma amostra aleatória da característica da qualidade $X$, onde $X \sim N(\mu, \sigma^2)$. Então um estimador para $\sigma$ é dado por

$$S_j = \sqrt{\frac{1}{n-1}\sum_{i=1}^{n}(X_i - \bar{X}_j)^2}, \quad j = 1, 2, \ldots, m. \quad (3.9)$$

No entanto, o desvio padrão amostral $S_j$ não é um estimador não viesado de $\sigma$. Então, como $(n-1)\dfrac{S_j^2}{\sigma^2}$ tem distribuição qui-quadrado com $n-1$ graus de liberdade, pode-se verificar que

$$E[S_j] = c_n \sigma \quad (3.10)$$

e

$$DP[S_j] = \sqrt{\sigma^2 - c_n^2\sigma^2} = \sigma\sqrt{1 - c_n^2}, \quad (3.11)$$

onde $n$ é o tamanho do subgrupo amostral e

$$c_n = \left(\frac{2}{n-1}\right)^{1/2} \times \frac{\Gamma(n/2)}{\Gamma[(n-1)/2]}. \quad (3.12)$$

Assim, um estimador não tendencioso do desvio padrão amostral corrigido para $\sigma$ é dado por

$$\hat{\sigma} = \frac{S_j}{c_n}, \quad (3.13)$$

e a variância estimada de $\sigma$ é dada por

$$Var[\hat{\sigma}] = Var\left[\frac{S_j}{c_n}\right] = (1 - c_n^2)\sigma^2, \quad (3.14)$$

onde $S_j$ pode ser qualquer um dos $j$-ésimos desvios padrão ($j = 1, 2, \ldots, m$) estimados pela Equação (3.9) e os valores de $c_n$ estão tabulados para alguns tamanhos amostrais na Tabela A.1, do Anexo A.

## iii) Média corrigida dos desvios padrão amostrais

Considere que $m$ amostras da característica da qualidade $X$ ($X \sim N(\mu, \sigma^2)$) são analisadas, cada uma com tamanho $n$, e seja $S_j$ o desvio padrão amostral da $j$--ésima amostra dado pela raiz quadrada da Equação (3.4). Então

$$\bar{S} = \frac{1}{m}\sum_{j=1}^{m} S_j \quad (3.15)$$

é a média dos $m$ desvios padrão amostrais. Logo, um estimador da média corrigida dos desvios padrão amostrais não viesado para $\sigma$ é dado por

$$\hat{\sigma} = \frac{\bar{S}}{c_n}. \tag{3.16}$$

Os valores de $c_n$ estão tabulados para alguns tamanhos amostrais na Tabela A.1, do Anexo A.

$$Var\left[\hat{\sigma}\right] = Var\left[\frac{\bar{S}}{c_n}\right] = \frac{(1-c_n^2)}{c_n^2}\frac{\sigma^2}{m}. \tag{3.17}$$

### iv) Média corrigida das amplitudes amostrais

Supondo-se que $m$ amostras da característica da qualidade $X$ ($X \sim N(\mu, \sigma^2)$) são analisadas, cada uma com tamanho $n$, e que $R_j$ seja a amplitude amostral da $j$-ésima amostra, dada por

$$R_j = X_{máx} - X_{mín}, \tag{3.18}$$

onde $X_{máx}$ é o maior valor observado na amostra e $X_{mín}$ o menor valor observado na amostra. Então a média das amplitudes é dada por

$$\bar{R} = \frac{R_1 + R_2 + \ldots + R_m}{m} = \frac{1}{m}\sum_{j=1}^{m} R_j. \tag{3.19}$$

A partir da amplitude relativa $W = R/\sigma$, mais especificamente de sua esperança $E(W) = d_2$, tem-se um estimador da média corrigida das amplitudes amostrais não viesado para $\sigma$ da seguinte forma:

$$\hat{\sigma} = \frac{\bar{R}}{d_2}, \tag{3.20}$$

onde

$$Var\left[\hat{\sigma}\right] = Var\left[\frac{\bar{R}}{d_2}\right] = \frac{d_3^2}{d_2^2}\sigma^2. \tag{3.21}$$

Os valores de $d_2$ e $d_3$ estão tabulados para alguns tamanhos amostrais na Tabela A.2, do Anexo A.

## v) Mediana corrigida das amplitudes amostrais

Supondo-se que $m$ amostras da característica da qualidade $X$ ($X \sim N(\mu, \sigma^2)$) são analisadas, cada uma com tamanho $n$, e suas amplitudes $R_1, \ldots, R_m$ calculadas e ordenadas segundo suas grandezas (em ordem crescente ou decrescente), então a amplitude mediana é obtida a partir de

$$\tilde{R} = R_{(j)}, \quad j = \frac{1}{2}(m+1), \tag{3.22}$$

para $m$ ímpar, onde $R_{(j)}$ representa a amplitude de ordem $j$. Quando o número de amplitudes é par, utiliza-se como mediana a média aritmética das duas amplitudes centrais. Portanto, um estimador da mediana corrigida das amplitudes amostrais não viesado para $\sigma$ é dado por

$$\hat{\sigma} = \frac{\tilde{R}}{\tilde{d}_2}, \tag{3.23}$$

onde

$$Var[\hat{\sigma}] = Var\left[\frac{\tilde{R}}{\tilde{d}_2}\right] = \frac{\sigma^2}{4\tilde{d}_3^2}. \tag{3.24}$$

Os valores de $\tilde{d}_2$ e $\tilde{d}_3$ estão tabulados para alguns tamanhos amostrais na Tabela A.2, do Anexo A.

## vi) Média corrigida dos quartis amostrais

Supondo que $m$ amostras da característica da qualidade $X$ ($X \sim N(\mu, \sigma^2)$) são analisadas, cada uma com tamanho $n$, e seus desvios padrão $\hat{\sigma}_1, \hat{\sigma}_2, \ldots, \hat{\sigma}_m$ obtidos a partir de

$$\hat{\sigma}_j = \frac{IQ_j}{\xi_n} = \frac{Q_3 - Q_1}{\xi_n}, \tag{3.25}$$

onde $\xi_n$ é uma constante que pode ser encontrada na Tabela A.4 do Anexo A, $IQ_j$ é o intervalo interquartílico dado por

$$IQ_j = Q_3 - Q_1 \tag{3.26}$$

e $Q_3$ e $Q_1$ são o 3º e o 1º quartil da $j$-ésima amostra ordenada, respectivamente, dado pelos valores correspondentes às posições

$$P_{Qh} = \frac{h \times n}{4}, \quad \text{com } h = 1 \text{ ou } 3.$$

Então a média dos intervalos interquartílicos é

$$\overline{IQ} = \frac{IQ_1 + IQ_2 + \cdots + IQ_m}{m} = \frac{1}{m}\sum_{j=1}^{m} IQ_j. \quad (3.27)$$

Assim, um estimador da média corrigida dos quartis amostrais não viesados para $\sigma$ é dado por

$$\hat{\sigma} = \frac{\overline{IQ}}{\xi_n}, \quad (3.28)$$

onde

$$Var[\hat{\sigma}] = \frac{1}{m}\left(\frac{\pi}{2}\right)^2 \frac{\sigma^2}{n\xi_n^2}, \quad (3.29)$$

e os valores de $\xi_n$ estão tabulados para alguns tamanhos amostrais na Tabela A.4, do Anexo A.

A partir da Equação (3.29), pode-se verificar que, quando $n \to \infty$, a $Var[\hat{\sigma}] \to 0$, ou seja, $\hat{\sigma}$ é um estimador consistente para $\sigma$.

A escolha de um desses estimadores para $\sigma$ dependerá do critério de decisão adotado. Por exemplo, quando o critério for simplicidade e o tamanho da amostra for pequeno, pode-se utilizar o estimador baseado na média corrigida das amplitudes. Porém, se o objetivo é ter um estimador robusto, ou seja, que não é afetado por pontos extremos, deve-se utilizar o estimador baseado na média corrigida dos quartis amostrais. Por fim, se o objetivo é ter um estimador com melhores propriedades estatísticas (eficiência, consistência, etc.), deve-se utilizar o estimador baseado na média corrigida dos desvios padrão amostrais.

**Exercício resolvido 3.1** Para exemplificar a obtenção das estimativas para a dispersão do processo, considere o conjunto de dados apresentado na Tabela 3.1, que mostra o teor de flúor em 15 amostras de tamanho 5, de um processo químico.

*a)* o desvio-padrão amostral corrigido, obtido pela Equação (3.13), é dado por

$$\hat{\sigma} = \frac{S_j}{c_n}.$$

**Tabela 3.1** Dados de teor de flúor de um processo químico

| Amostra ($j$) | Subgrupos ($i$) | | | | |
|---|---|---|---|---|---|
| | 1 | 2 | 3 | 4 | 5 |
| 1 | 1,70 | 1,71 | 1,78 | 1,94 | 1,58 |
| 2 | 1,88 | 2,04 | 1,66 | 2,10 | 1,59 |
| 3 | 1,80 | 2,26 | 1,52 | 1,79 | 1,76 |
| 4 | 1,82 | 1,94 | 1,58 | 1,84 | 1,90 |
| 5 | 1,65 | 1,96 | 1,60 | 1,62 | 1,70 |
| 6 | 1,82 | 2,04 | 1,61 | 1,93 | 1,80 |
| 7 | 1,90 | 1,75 | 1,43 | 1,83 | 2,03 |
| 8 | 1,71 | 1,74 | 1,40 | 1,90 | 1,79 |
| 9 | 1,68 | 2,21 | 1,80 | 1,55 | 1,88 |
| 10 | 2,02 | 1,93 | 1,89 | 1,53 | 2,00 |
| 11 | 2,06 | 1,97 | 1,86 | 1,80 | 1,86 |
| 12 | 1,82 | 1,75 | 1,64 | 2,08 | 1,99 |
| 13 | 1,67 | 1,68 | 1,87 | 1,86 | 1,89 |
| 14 | 2,25 | 1,85 | 2,12 | 1,89 | 1,71 |
| 15 | 1,93 | 1,82 | 1,72 | 1,81 | 1,72 |

Como $S_j$ pode ser estimado por qualquer um dos desvios padrão amostrais, utilizou-se neste caso o desvio padrão da amostra 12, obtido por

$$S_j = \sqrt{\frac{1}{n-1}\sum_{i=1}^{n}(X_i - \bar{X}_j)^2} = S_{12} = \sqrt{\frac{1}{5-1} \times 0{,}1273} = 0{,}1784,$$

e $c_n = c_5 = 0{,}9400$, conforme a Tabela A.1 do Anexo A. Portanto, o desvio-padrão amostral corrigido é dado por

$$\hat{\sigma} = \frac{S_j}{c_n} = \frac{S_{12}}{c_5} = \frac{0{,}1784}{0{,}9400} = 0{,}1898.$$

**b)** A média corrigida dos desvios padrão amostrais, obtida a partir da Equação (3.16), é

$$\hat{\sigma} = \frac{\bar{S}}{c_n} = \frac{0{,}1753}{0{,}9400} = 0{,}1865,$$

onde a média dos $m$ desvios padrão amostrais ($\bar{S}$), que é dada pela Equação (3.15), é

$$\bar{S} = \frac{1}{m}\sum_{j=1}^{m} S_j = \frac{1}{15} \times 2{,}6296 = 0{,}1753.$$

**c)** A média corrigida das amplitudes amostrais, obtida a partir da Equação (3.20), é

$$\hat{\sigma} = \frac{\bar{R}}{d_2} = \frac{0,4453}{2,3260} = 0,1914,$$

onde $\bar{R}$ é estimado pela Equação (3.19), ou seja,

$$\bar{R} = \frac{1}{m}\sum_{j=1}^{m} R_j = \frac{1}{15} \times 6,6800 = 0,4453.$$

Lembre-se de que $R_j$ é dado pela Equação (3.18), onde para a primeira amostra ($j = 1$), será $R_1 = X_{máx} - X_{mín} = 1,94 - 1,58 = 0,3600$ e $d_2$ para $n = 5$ é 2,3260 (ver a Tabela A.2 do Anexo A).

**d)** A mediana corrigida das amplitudes amostrais, obtida a partir da Equação (3.23), é

$$\hat{\sigma} = \frac{\tilde{R}}{\tilde{d}_2} = \frac{0,4400}{2,2570} = 0,1949,$$

onde $\tilde{R}$ é estimado pela Equação (3.22) como

$$\tilde{R} = R_{(j)} = R_{(\frac{1}{2}(15+1))} = R_{(8^a)} = 0,4400,$$

que representa o valor correspondente à oitava amplitude amostral ordenada, e $\tilde{d}_2$, para $n = 5$ é 2,2570, conforme a Tabela A.2 do Anexo A.

**e)** A média corrigida dos quartis amostrais, obtida a partir da Equação (3.28), é

$$\hat{\sigma} = \frac{\overline{IQ}}{\xi_n} = \frac{0,1493}{0,9870} = 0,1513,$$

onde $\overline{IQ}$ é estimado pela Equação (3.27) como

$$\overline{IQ} = \frac{1}{m}\sum_{j=1}^{m} IQ_j = \frac{2,2400}{15} = 0,1493,$$

sendo $IQ_j$ obtido pela Equação (3.26), onde no caso da primeira amostra ($j = 1$) ele corresponde a

$$IQ_j = IQ_1 = Q_3 - Q_1 = 1,78 - 1,70 = 0,0800,$$

e $\xi_n$, para $n = 5$, é 0,9870, conforme a Tabela A.4 do Anexo A.

## 3.1.2 Estimando o nível do processo

Como o valor $\mu$ do nível do processo não é conhecido, pode-se estimá-lo a partir dos dados observados. Existem várias possibilidades para fazer isso. A seguir, quatro métodos diferentes para estimar $\mu$ serão mostrados. Todos os estimadores de $\mu$ que serão apresentados são não viesados e, no mínimo, distribuídos assintoticamente de modo normal. Entretanto, os estimadores de $\mu$ possuem variâncias diferentes, o que significa que eles não têm a mesma eficiência em estimar o verdadeiro nível do processo $\mu$.

### i) Média das médias amostrais

Considera-se que $m$ amostras da característica da qualidade $X$ ($X \sim N(\mu, \sigma^2)$) são analisadas em um processo, cada uma com tamanho $n$, e suas médias amostrais calculadas a partir da Equação (3.5). Então $\bar{X}_j$, $j = 1, 2, \ldots, m$ denota a média do $j$-ésimo subgrupo, que são normalmente distribuído com média e variância dadas por

$$E[\bar{X}_j] = \mu \qquad (3.30)$$

e

$$Var[\bar{X}_j] = \frac{\sigma^2}{n}. \qquad (3.31)$$

Assim, um estimador da média das médias amostrais não viesado para $\mu$ é dado por

$$\bar{\bar{X}} = \frac{\bar{X}_1 + \bar{X}_2 + \ldots + \bar{X}_m}{m} = \frac{1}{m}\sum_{j=1}^{m}\bar{X}_j. \qquad (3.32)$$

A variância de $\bar{\bar{X}}$ é obtida a partir de

$$Var\left[\bar{\bar{X}}\right] = Var\left[\frac{1}{m}\sum_{j=1}^{m}\bar{X}_j\right] = \frac{\sigma^2}{m}, \qquad (3.33)$$

onde $\sigma^2$ é a variância do processo, que é estimada a partir da Equação (3.4).

## ii) Mediana das medianas amostrais

Considera-se que $m$ amostras da característica da qualidade $X$ ($X \sim N(\mu, \sigma^2)$) são analisadas em um processo, cada uma com tamanho $n$, e suas medianas amostrais obtidas a partir de

$$\tilde{X}_j = X_{(i)}, \quad i = \frac{1}{2}(n+1), \quad j = 1, 2, ..., m, \quad (3.34)$$

para tamanhos amostrais ímpares, onde $X_{(i)}$ representa o elemento de ordem $i$. Quando o número de observações for par, utiliza-se como mediana a média aritmética das duas observações centrais. Ou seja, a mediana é o valor que ocupa a posição central da série de observações quando estas estão ordenadas segundo suas grandezas (em ordem crescente ou decrescente). Então $\tilde{X}_j, j = 1, 2, ...$, denota a mediana do $j$-ésimo subgrupo, que são normalmente distribuído com média e variância dadas por

$$E[\tilde{X}_j] = \mu \quad (3.35)$$

e

$$Var[\tilde{X}_j] = \sigma^2 \left(\frac{\pi}{2n}\right). \quad (3.36)$$

Assim, um estimador da mediana das medianas amostrais não viesado para $\mu$, quando $m$ é ímpar, é dado por

$$\tilde{\tilde{X}} = \tilde{X}_{(j)}; \quad j = \frac{1}{2}(m+1), \quad (3.37)$$

onde $\tilde{X}_{(j)}$ representa a mediana de ordem $j$. Quando o número de amostras é par, utiliza-se como estimador da mediana das medianas amostrais a média aritmética das duas medianas centrais.

A variância de $\tilde{\tilde{X}}$ é obtida a partir de

$$Var\left[\tilde{\tilde{X}}\right] = \frac{\sigma^2}{m} c_n^4, \quad (3.38)$$

onde $\sigma^2$ é a variância do processo, estimada a partir da Equação (3.4). Os valores de $c_n$ estão tabulados para alguns tamanhos amostrais na Tabela A.1 do Anexo A.

## iii) Média das medianas amostrais

Considera-se que $m$ amostras da característica da qualidade $X$ ($X \sim N(\mu, \sigma^2)$) são analisadas em um processo, cada uma com tamanho $n$, e suas medianas amostrais calculadas a partir da Equação (3.34). Então, $\tilde{X}_j, j = 1, 2, \ldots, m$ denota a mediana do $j$-ésimo subgrupo, que é normalmente distribuída com média e variância dadas, respectivamente, pelas Equações (3.35) e (3.36).

Assim, um estimador da média das medianas amostrais não viesado para $\mu$ é dado por

$$\bar{\tilde{X}} = \frac{\tilde{X}_1 + \tilde{X}_2 + \ldots + \tilde{X}_m}{m} = \frac{1}{m} \sum_{j=1}^{m} \tilde{X}_j. \tag{3.39}$$

A variância de $\bar{\tilde{X}}$ é obtida a partir de

$$Var\left[\bar{\tilde{X}}\right] = \frac{\sigma^2}{m} c_n^2, \tag{3.40}$$

onde $\sigma^2$ é a variância do processo, estimada a partir da Equação (3.4). Os valores de $c_n$ estão tabulados para alguns tamanhos amostrais na Tabela A.1 do Anexo A.

## iv) Mediana das médias amostrais

Considera-se que $m$ amostras da característica da qualidade $X$ ($X \sim N(\mu, \sigma^2)$) são analisadas em um processo, cada uma com tamanho $n$, e suas médias amostrais calculadas a partir da Equação (3.5). Então $\bar{X}_j, i = 1, 2, \ldots, m$ denota a média do $j$-ésimo subgrupo, que são normalmente distribuídas com média e variância dadas, respectivamente, pelas Equações (3.30) e (3.31). Então, um estimador da mediana das médias amostrais não-viesado para $\mu$, quando $m$ é ímpar, é dado por

$$\tilde{\bar{X}} = \bar{X}_{(j)}; \quad j = \frac{1}{2}(m+1), \tag{3.41}$$

onde $\bar{X}_{(j)}$ representa a média de ordem $j$. Quando o número de amostras é par, utiliza-se como mediana das médias amostrais a média aritmética das duas médias centrais quando estas estão ordenadas segundo suas grandezas (em ordem crescente ou decrescente).

A variância de $\bar{\bar{X}}$ é obtida a partir de

$$Var\left[\bar{\bar{X}}\right] = \frac{\sigma^2}{m}c_n^2, \qquad (3.42)$$

onde $\sigma^2$ é a variância do processo. Os valores de $c_n$ estão tabulados para alguns tamanhos amostrais na Tabela A.1, do Anexo A.

A escolha por um desses quatro estimadores para $\mu$ dependerá do critério de decisão adotado. Por exemplo, quando a eficiência do estimador é considerada, a média das médias deverá ser a escolha mais apropriada. Se o critério for a robustez do estimador, isto é, a sensibilidade com relação aos *outliers* (pontos extremos), a mediana das medianas será preferível.

**Exercício resolvido 3.2** Para exemplificar a obtenção das estimativas para o nível do processo, considere o conjunto de dados apresentados na Tabela B.1 do Anexo B, que mostra o teor de flúor em 15 amostras de tamanho 5 de um processo químico.

*a*) A média das médias amostrais ($\bar{\bar{X}}$), obtida a partir da Equação (3.32), é

$$\bar{\bar{X}} = \frac{1}{m}\sum_{j=1}^{m}\bar{X}_j = \frac{1}{15} \times 27{,}3020 = 1{,}8201,$$

onde $\bar{X}_j$ é estimado pela Equação (3.5).

*b*) Como $m$ é ímpar, a mediana das medianas amostrais ($\tilde{\tilde{X}}$), obtida a partir da Equação (3.37), é

$$\tilde{\tilde{X}} = \tilde{X}_{(8^a)} = 1{,}8200,$$

onde $\tilde{X}_{(j)}$ é o valor que ocupa a posição $j = \frac{1}{2}(m+1) = \frac{1}{2}(15+1) = \frac{16}{2} = 8$ no conjunto de medianas ordenadas.

*c*) A média das medianas amostrais ($\bar{\tilde{X}}$), obtida a partir da Equação (3.39), é

$$\bar{\tilde{X}} = \frac{1}{m}\sum_{j=1}^{m}\tilde{X}_j = \frac{1}{15} \times 27{,}2300 = 1{,}8153,$$

onde $\tilde{X}_j$ é estimado pela Equação (3.34) para cada $j$-ésima amostra.

**d)** Como $m$ é ímpar, tem-se que a mediana das médias amostrais ($\tilde{\bar{X}}$), obtida a partir da Equação (3.41), é

$$\tilde{\bar{X}} = \bar{X}_{(8^a)} = 1,8240,$$

onde $\bar{X}_{(j)}$ é o valor que ocupa a posição $j = \frac{1}{2}(m+1) = \frac{1}{2}(15+1) = 8^a$ no conjunto de médias ordenadas.

## 3.2 Visão geral de gráficos de controle

A busca por métodos mais rigorosos de controle da qualidade que pudessem gerar mais confiança nos produtos e serviços conduziu à formação do Departamento de Engenharia e Inspeção dos laboratórios da Bell Telephone em 1924. Neste mesmo ano, Walter Andrew Shewhart introduziu o conceito de gráficos de controle a partir de um memorando técnico nos laboratórios Bell. Nele, Shewhart apresenta um gráfico de controle, o qual mais tarde veio a ser chamado de primeiro gráfico de controle de Shewhart (Banks, 1989).

Ao se imaginar um processo qualquer, é fundamental definir inicialmente a característica da qualidade (variável) a ser analisada, a qual geralmente está sujeita a variações aleatórias (ou estocásticas). Se o processo for planejado e implementado cuidadosamente, essas variações serão certamente pequenas e não poderão ser atribuídas a fatores isolados (ou controlados). Neste caso, diz-se que o processo está sob controle estatístico. Porém, em alguns processos, essa variação pode ser maior ou exceder uma determinada quantidade esperada, o que representa uma mudança significativa nos fatores controláveis do processo. Neste caso, o processo está fora de controle estatístico. Neste sentido, os gráficos de controle são construídos com o objetivo de monitorar continuamente se determinado processo está ou não sob controle estatístico.

Deve ficar claro que as características importantes a serem observadas em um processo são o nível e a dispersão. Mudanças significativas no nível e/ou na dispersão do processo podem originar alterações significativas na fração não conforme. Por esta razão, no controle para variáveis, o nível e a dispersão do processo são em geral controlados simultaneamente. Isso é conseguido utilizando o gráfico $\bar{X}$ ou o gráfico $\tilde{X}$ para o controle do nível e o gráfico $S$ ou o gráfico $S^2$ ou o gráfico $R$ para o controle da variabilidade. Quando utilizados em conjunto, esses gráficos constituem um procedimento razoavelmente eficiente para o controle de um processo. Os gráficos para dispersão monitoram a variabilidade dentro da amostra e os gráficos para o nível monitoram a variabilidade entre as amostras.

### 3.2.1 Princípios dos gráficos de controle

As características da qualidade (variáveis aleatórias) envolvidas no processo devem ser independentes e identicamente distribuídas ($i.i.d.$), o que implica dizer que as variáveis não são autocorrelacionadas.

As estatísticas que definem um gráfico de controle geralmente estão baseadas na distribuição de probabilidade normal, ou seja, se um processo está sob controle estatístico, existe uma sequência de variáveis aleatórias independentes que se comportam como uma distribuição normal ou aproximadamente normal de média $\mu$ e variância $\sigma^2$.

Se os gráficos de controle serão estabelecidos para um novo processo, do qual não se têm informações prévias, deve ser feito inicialmente um teste de normalidade para a característica de interesse. Eventualmente, pode ser necessário efetuar uma transformação na variável, visando a normalidade.

A indicação básica de falta de controle estatístico em um processo é a ocorrência de pontos fora dos limites de controle, quer nos gráficos para o nível, quer nos gráficos para a dispersão. Porém, mesmo com todos os pontos entre os limites de controle, a presença de tendências, ciclos ou alguma outra configuração típica dos pontos tembém pode revelar falta de controle estatístico do processo.

Algumas recomendações práticas para a verificação do estado de controle de um processo têm sido apresentadas por vários estudiosos (por exemplo, Kume (1993) e Montgomery (2004)). Segundo Bravo (1995), é geralmente aceito que no gráfico de um processo sob controle estatístico cerca de 2/3 do número total de pontos devem estar localizados no terço central do gráfico. Se, para 25 amostras, mais de 90% ou menos de 40% dos pontos estiverem situados no terço central do gráfico de controle, tem-se uma indicação de falta de controle estatístico do processo. Evidências de deslocamento da média do processo ou de tendência dos pontos são geralmente aceitas se ocorrerem sete pontos consecutivos de um dos lados da linha central do gráfico ou sete pontos consecutivos não crescentes ou não decrescentes. Nelson (1984) apresenta oito testes gráficos simples para detectar falta de controle estatístico a partir do gráfico $\bar{X}$.

## 3.2.2 Construção de gráficos de controle

A construção de um gráfico de controle para monitorar e controlar um processo, inicia com a retirada de uma amostra de tamanho $m$ do processo em estudo, em pontos específicos de tempo, com intervalos, geralmente, constantes entre esses pontos.

As possíveis características da qualidade monitoradas em um processo são valores observáveis e representados por $X_1$, $X_2$, ..., $X_n$ e são reunidos em um vetor amostral $X$. Essas características ou medidas podem ser utilizadas na forma original ou resumidas em estatísticas amostrais, como, a média amostral e a amplitude amostral dos valores observados.

Um gráfico de controle é uma representação gráfica dos resultados das medidas amostrais de um processo, que pode ser construído manualmente ou com a utilização de aplicativos computacionais. Um gráfico de controle é construído a partir dos eixos do sistema de coordenada $(x, y)$, onde são plotados a linha central, os limites de advertência (superior e inferior) e os limites de controle (superior e inferior), como mostrado na Figura 3.1. A linha central ($LC$) é o valor alvo do processo e pode ser, por exemplo, uma exigência da lei, um padrão ou especificações do processo. Porém, algumas vezes é determinado pela experiência com o processo ou estimado em um pré-processo sob condições de variações aleatórias. As linhas de controle são definidas como limite inferior de controle ($LIC$) e limite superior de controle ($LSC$), as quais decidem se o processo está sob controle estatístico ou com alguma variação não aleatória.

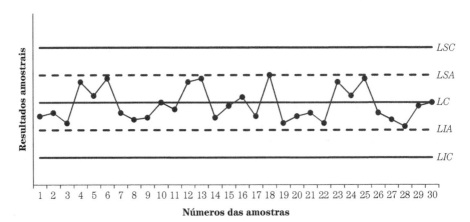

**Figura 3.1** Gráfico de controle de Shewhart com linhas de controle e advertência bilaterais.

Além disso, têm-se as linhas de controle de advertência, definidas por limite inferior de advertência ($LIA$) e limite superior de advertência ($LSA$), que determinam se o processo inicia alguma variação não aleatória.

Os gráficos de controle podem ser unilaterais, quando apresentam um limite de controle (superior ou inferior), ou bilateral, quando apresentam dois limites de controle (superior e inferior).

Os eventos possíveis de ocorrerem durante a construção de um gráfico de controle para um determinado processo são:

1. os valores amostrais situam-se dentro dos limites de advertência, logo o processo está sob controle estatístico;
2. os valores amostrais situam-se entre os limites de advertência e os limites de controle, logo o processo está sob suspeita de existência de alguma variação não aleatória neste caso, deve-se retirar uma nova amostra, e se o novo valor estiver dentro dos limites de advertência descarta-se a suspeita, porém se permanecer fora dos limites de advertência, ações preventivas ou corretivas devem ser tomadas com o objetivo de tornar o processo sob controle estatístico;
3. e, finalmente os valores amostrais situam-se sobre ou fora dos limites de controle. Neste caso, deve-se tomar imediatamente medidas de intervenção no processo.

### 3.2.3 Planejamento de um gráfico de controle

Ao planejar um gráfico de controle, deve-se levar em consideração a escolha do tamanho da amostra ($m$), o tamanho do subgrupo ($n$) de cada amostra, o intervalo de tempo entre as amostras e as especificações dos tipos de limites de controle, descritos a seguir:

**Tamanho da amostra** ($m$): recomenda-se um tamanho amostral superior a 25 observações;

**Subgrupo** ($n$): pode ser fixo ou variável, dependendo das características do processo. Na prática, utiliza-se um $n$ ímpar e menor ou igual a 15 observações;

**Intervalo de tempo**: na prática, por questões econômicas, sugere-se que tomar amostras pequenas em intervalos pequenos de tempo ou grandes amostras em intervalos grandes;

**Tipo de limites de controle**: os limites de um gráfico de controle são especificados de forma que a estatística teste $g(X)$ exceda seus valores somente com uma pequena probabilidade $\alpha$ quando o processo ocorre somente com variações aleatórias, podendo ser unilateral ou bilateral.

Para um gráfico de controle bilateral, isto é, com limites superior ($LSC$) e inferior ($LIC$), de controle

$$P[g(X) \notin (LSC; LIC)|\text{processo está sob controle estatístico}] = \alpha \quad (3.43)$$

Como na prática é comum a utilização de testes estatísticos com distribuições simétricas, a Probabilidade (3.43) consiste então em duas probabilidades iguais, dadas por

$$P[g(X) \geq LSC \,|\text{processo está sob controle estatístico}] = \alpha/2 \quad (3.44)$$

e

$$P[g(X) \leq LIC \,|\text{processo está sob controle estatístico}] = \alpha/2. \quad (3.45)$$

Ao se planejar um gráfico de controle unilateral, deve-se proceder de forma análoga à Probabilidade em (3.43), ou seja, não se deve apenas dividir a probabilidade $\alpha$ em duas probabilidades para determinar limite de controle (superior ou inferior), o que significa que

$$P[g(X) \geq LSC \,|\text{processo está sob controle estatístico}] = \alpha \quad (3.46)$$

ou

$$P[g(X) \leq LIC \,|\text{processo está sob controle estatístico}] = \alpha \quad (3.47)$$

Em função da variabilidade natural do processo no tempo, é recomendável não especificar os limites de controle muito próximos da linha central, pois isso poderá induzir a uma intervenção mesmo quando o processo estiver sob controle estatístico. A probabilidade $\alpha$ de interferir em um processo somente com variações aleatórias aumenta quando a distância entre os limites de controle diminui. Entretanto, se os limites de controle (superior e inferior) estão muito distantes da linha central, corre-se o risco de se responder muito tarde a uma variação não aleatória no processo. Além disso, a probabilidade de não interferir em um processo com variações não aleatórias aumenta.

Uma suposição básica é que a estatística amostral $g(X)$ deve possuir uma distribuição simétrica e contínua, por exemplo, a distribuição normal. Se os pontos observados a partir da função $Y = g(X)$ estão sob controle estatístico, com esperança $\mu_Y$ e desvio padrão $\sigma_Y$, então os limites de controle $LSC$ e $LIC$ são dados por

$$\mu_Y \pm k\sigma_Y, \quad (3.48)$$

e os limites de advertência $LSA$ e $LIA$, são usualmente dados por

$$\mu_Y \pm \frac{k}{2}\sigma_Y, \quad (3.49)$$

onde $k$ será definido posteriormente.

### 3.2.4 Tipos de gráficos de controle

De acordo com o tipo de característica da qualidade (variável), os gráficos de controle distinguem-se entre gráficos de controle para atributos e gráficos de controle para variáveis. A notação dos gráficos de controle depende, frequentemente, da estatística de teste e do tipo de rastreamento do gráfico. Um gráfico de controle é dito ser de rastreamento único quando o gráfico contém somente um sistema de coordenadas cartesianas, no qual os valores amostrais da característica da qualidade são plotados para monitorar o nível ou a dispersão do processo. Um gráfico de controle de rastreamento duplo contém dois sistemas de coordenadas cartesianas para monitorar simultaneamente o nível e a dispersão do processo. Gráficos de controle com rastreamento duplo são nada mais que dois gráficos de controle com rastreamento simples aplicados simultaneamente, ambos relacionados à mesma característica da qualidade. Já os gráficos de controle multivariados monitoram várias características da qualidade ao mesmo tempo. Na prática, as notações mais usuais são: gráficos de controle para variáveis (com subgrupos amostrais e para medidas individuais), gráficos de controle para atributos e outros tipos de gráfico de controle.

***i*) Gráficos de controle para variáveis com subgrupos amostrais utilizados no monitoramento do nível e dispersão do processo**
O gráfico da amplitude (gráfico $R$), o gráfico do desvio padrão (gráfico $S$) e o gráfico da variância (gráfico $S^2$) são utilizados no monitoramento de variáveis, onde a estatística de teste é a amplitude amostral, o desvio padrão amostral ou a variância amostral, respectivamente. Eles monitoram a dispersão do pro-

cesso. O gráfico da média (gráfico $\bar{X}$) e o gráfico da mediana (gráfico $\tilde{X}$) são utilizados no monitoramento de variáveis, onde a estatística de teste é a média amostral ou a mediana amostral, respectivamente. Ambos têm o propósito de monitorar o nível do processo.

***ii*) Gráficos de controle para variáveis com medidas individuais utilizados no monitoramento do nível e dispersão do processo**
O gráfico da amplitude móvel (gráfico $MR$) é utilizado no monitoramento de variáveis, onde a estatística de teste é a amplitude móvel amostral. Ele monitora a dispersão do processo. O gráfico de observações individuais (gráfico $x$) é utilizado no monitoramento de variáveis, onde cada ponto representa uma observação individual amostral do processo. Ele tem o propósito de monitorar o nível do processo.

***iii*) Gráficos de controle para atributos**
O gráfico da fração não conforme (gráfico $p$) é utilizado no monitoramento de atributos, onde a estatística de teste é a proporção de unidades não conformes na amostra. O gráfico para o número de itens não conformes (gráfico $np$) é utilizado no monitoramento de atributos, onde a estatística de teste acumula as não conformidades por unidades produzidas ou o número de unidades não conformes na amostra. O gráfico para o número médio de defeitos por unidade (gráfico $u$) é utilizado no monitoramento de atributos, onde a estatística de teste é o acúmulo de não conformidades por unidade física. O gráfico para número de defeitos (gráfico $c$) é utilizado no monitoramento de atributos, onde a estatística de teste é a quantidade de não conformidades (ou defeitos) em vez da quantidade de itens não conformes.

***iv*) Outros tipos de gráfico de controle**
O gráfico das somas acumuladas (gráfico $CUSUM$) é utilizado no monitoramento de variáveis, onde a estatística de teste é a soma acumulada. O gráfico das médias móveis ponderadas exponencialmente (gráfico $EWMA$) é utilizado no monitoramento de variáveis, onde a estatística de teste é a média móvel ponderada exponencialmente. O gráfico de regressão é utilizado no monitoramento de variáveis, onde a estatística de teste é a esperança da variável resposta em um modelo de regressão. O gráfico $T^2$ de Hotteling é utilizado no monitoramento de variáveis, onde a estatística de teste é baseada na generalização da estatística $t$ de Student.

Os gráficos descritos em ($i$), ($ii$) e ($iii$) serão melhor explicados nos próximos capítulos.

## 3.3 Exercícios

1. O conjunto de dados apresentados na Tabela C.1 do Anexo C mostra a temperatura (°C) do óleo de misturadores em 25 amostras de tamanho 8 de um processo metalúrgico. Utilize o mesmo para determinar a estimativa da dispersão do processo a partir da média das variâncias amostrais.
2. Dado o conjunto apresentado na Tabela C.1 do Anexo C, determine a estimativa da dispersão do processo a partir do desvio padrão amostral corrigido.
3. Determine a estimativa da dispersão do processo a partir da média corrigida dos desvios padrão amostrais para a temperatura (°C) do óleo de misturadores em 25 amostras de tamanho 8 de um processo metalúrgico, apresentado na Tabela C.1 do Anexo C.
4. Considere os dados apresentados na Tabela C.1 do Anexo C para obter a estimativa da dispersão do processo a partir da média corrigida das amplitudes amostrais.
5. Admitindo os valores da Tabela C.1 do Anexo C, determine a estimativa da dispersão do processo a partir da mediana corrigida das amplitudes amostrais.
6. Obtenha a estimativa da dispersão do processo a partir da média corrigida dos quartis amostrais para os dados do processo metalúrgico, apresentado na Tabela C.1 do Anexo C.
7. Determine a estimativa do nível do processo a partir da média das médias amostrais para o processo metalúrgico (Tabela C.1 do Anexo C).
8. Calcule a estimativa do nível do processo a partir da mediana das medianas amostrais para o processo metalúrgico (Tabela C.1 do Anexo C).
9. Considerando a Tabela C.1 do Anexo C, determine a estimativa do nível do processo a partir da média das medianas amostrais.
10. Obtenha a estimativa do nível do processo a partir da mediana das médias amostrais para os dados do processo metalúrgico, apresentado na Tabela C.1 do Anexo C.
11. Considere os dados apresentados na Tabela C.2 do Anexo C referente ao teor de sódio em amostras de tamanho 5, de um processo químico. Utilize os valores para determinar a estimativa da dispersão do processo a partir da média das variâncias amostrais.
12. Dado o conjunto apresentado na Tabela C.2 do Anexo C, determine a estimativa da dispersão do processo a partir do desvio padrão amostral corrigido.

13. Determine a estimativa da dispersão do processo a partir da média corrigida dos desvios padrão amostrais para o teor de sódio de um processo químico, apresentado na Tabela C.2 do Anexo C.
14. Considere os dados apresentados na Tabela C.2 do Anexo C para obter a estimativa da dispersão do processo a partir da média corrigida das amplitudes amostrais.
15. Admitindo os valores da Tabela C.2 do Anexo C, determine a estimativa da dispersão do processo a partir da mediana corrigida das amplitudes amostrais.
16. Obtenha a estimativa da dispersão do processo a partir da média corrigida dos quartis amostrais para os dados do processo químico, apresentado na Tabela C.2 do Anexo C.
17. Determine a estimativa do nível do processo a partir da média das médias amostrais para o processo químico (Tabela C.2 do Anexo C).
18. Calcule a estimativa do nível do processo a partir da mediana das medianas amostrais para o processo químico (Tabela C.2 do Anexo C).
19. Considerando a Tabela C.2 do Anexo C, determine a estimativa do nível do processo a partir da média das medianas amostrais.
20. Obtenha a estimativa do nível do processo a partir da mediana das médias amostrais para os dados do processo químico, apresentado na Tabela C.2 do Anexo C.

# Capítulo 4

# Gráficos de Controle para Variáveis

## 4.1 Introdução

Neste capítulo, é abordado o processo de construção e implementação dos gráficos de controle para variáveis, mais especificamente, os gráficos para monitorar o nível e a dispersão de um processo, em que se considera como variável toda característica da qualidade que seja numérica. O processo de obtenção dos limites de controle e da linha central para os gráficos de controle para monitorar a dispersão do processo (desvio padrão, variância, amplitude) e do nível (média, mediana) são visto com detalhes.

É importante frisar que, no monitoramento de um processo, deve-se sempre iniciar com a construção do gráfico de controle para a dispersão, pois, se ele indicar que um processo está fora de controle estatístico, não haverá necessidade do gráfico de controle para o nível do processo. Logo, medidas corretivas capazes de tornar o processo sob controle estatístico deverão ser tomadas imediatamente.

## 4.2 Gráficos de controle para monitorar a dispersão do processo

Os gráficos de controle para dispersão do processo têm como objetivo principal o monitoramento da variabilidade dentro da amostra. Quando se constroem gráficos de controle para a dispersão do processo, tem-se que decidir primeiramente se o gráfico é para detectar mudanças em ambas as direções ou se somente em uma direção. Neste último caso, um gráfico de controle unilateral para dispersão do processo é utilizado. Logo, as hipóteses de interesse são da seguinte forma

$$H_0 : \sigma_t \leq \sigma$$
$$H_1 : \sigma_t > \sigma, \qquad (4.1)$$

onde $H_0$ é a hipótese a ser testada (hipótese nula), $H_1$ é a hipótese alternativa e $\sigma_t$ é a dispersão no instante $t$.

Neste caso, é de interesse uma mudança crescente (gráfico de controle unilateral com limite superior), em um tempo $t$, na característica da qualidade monitorada $X$ ($X \sim N(\mu, \sigma^2)$). Certamente, gráficos de controle que detectam mudanças na dispersão do processo em ambas as direções podem ser construídos. A aplicação de tal gráfico de controle corresponde à utilização das hipóteses

$$H_0 : \sigma_t = \sigma$$
$$H_1 : \sigma_t \neq \sigma. \qquad (4.2)$$

A seguir, três diferentes gráficos de controle para a dispersão do processo são apresentados: o gráfico do desvio padrão amostral, o gráfico da variância amostral e o gráfico da amplitude amostral.

### 4.2.1 Gráfico do desvio padrão ou gráfico $S$

O gráfico $S$ se destaca como gráfico de controle para monitorar a dispersão do processo. Para Montgomery (2004), o gráfico do desvio padrão oferece maior eficiência na estimação da dispersão e é mais flexível para aplicações que envolvam tamanhos de subgrupos grandes.

Para determinar os limites de controle do gráfico $S$, é necessário supor que os valores observados da característica da qualidade monitorada são normalmente distribuídos com média $\mu$ e variância $\sigma^2$.

Supõe-se que $m$ amostras sejam analisadas, cada uma com tamanho $n$, e que $S_j$ é o desvio padrão da $j$-ésima amostra, obtida a partir da Equação (3.9). Assim, a linha central e os limites de controle $k$ sigma do gráfico $S$ são

$$\begin{aligned} LSC &= \bar{S} + k\frac{\bar{S}}{c_n}\sqrt{1-c_n^2} \\ LC &= \bar{S} \\ LIC &= \bar{S} - k\frac{\bar{S}}{c_n}\sqrt{1-c_n^2}, \end{aligned} \qquad (4.3)$$

onde os valores de $c_n$ estão tabulados para alguns tamanhos amostrais na Tabela A.1 do Anexo A e $\bar{S}$ é dado pela Equação (3.15).

Para o usual $k = 3$, pode-se definir as constantes

$$B_3 = 1 - \frac{3}{c_n}\sqrt{1-c_n^2}$$

e

$$B_4 = 1 + \frac{3}{c_n}\sqrt{1-c_n^2}.$$

Assim, a linha central e os limites de controle para o gráfico $S$ passam a ser estimados por

$$\begin{aligned} LSC &= B_4\bar{S} \\ LC &= \bar{S} \\ LIC &= B_3\bar{S}. \end{aligned} \qquad (4.4)$$

Os valores de $B_3$ e $B_4$ estão tabulados para alguns tamanhos amostrais na Tabela A.1 do Anexo A.

Vale ressaltar que, para todos os gráficos de controle utilizados no monitoramento da dispersão, se o valor encontrado para o limite inferior de controle ($LIC$) for negativo, o mesmo deve ser igual a zero, isto é,

$$LIC = 0.$$

**Exercício resolvido 4.1** Para exemplificar a construção do gráfico de controle $S$ com seus limites de advertência, considere os dados apresentados na Tabela 4.1, que mostra a temperatura (°C) de eletrodos de carbono em 25 amostras de tamanho 8, do processo produtivo de alumínio em uma indústria.

**Tabela 4.1** Dados de temperatura (°C) de eletrodos de carbono

| Amostra ($j$) | \multicolumn{8}{c}{Subgrupo ($i$)} | Variância ($S_j^2$) | Desvio padrão ($S_j$) | Amplitude ($R_j$) | Média ($\bar{X}_j$) | Mediana ($\tilde{X}_j$) |
|---|---|---|---|---|---|---|---|---|---|---|---|---|---|
| | 1 | 2 | 3 | 4 | 5 | 6 | 7 | 8 | | | | | |
| 1  | 148 | 152 | 151 | 155 | 155 | 152 | 154 | 156 | 6,98   | 2,64 | 8,00 | 152,88 | 153,00 |
| 2  | 154 | 153 | 155 | 155 | 151 | 147 | 149 | 152 | 8,29   | 2,88 | 8,00 | 152,00 | 152,50 |
| 3  | 154 | 153 | 153 | 154 | 155 | 156 | 156 | 153 | 1,64   | 1,28 | 3,00 | 154,25 | 154,00 |
| 4  | 152 | 153 | 155 | 155 | 158 | 150 | 151 | 151 | 7,27   | 2,70 | 8,00 | 153,13 | 152,50 |
| 5  | 154 | 155 | 154 | 153 | 153 | 154 | 154 | 152 | 0,84   | 0,92 | 3,00 | 153,63 | 154,00 |
| 6  | 150 | 148 | 149 | 151 | 150 | 154 | 155 | 156 | 8,84   | 2,97 | 8,00 | 151,63 | 150,50 |
| 7  | 151 | 152 | 149 | 151 | 153 | 154 | 154 | 150 | 3,36   | 1,83 | 5,00 | 151,75 | 151,50 |
| 8  | 152 | 153 | 153 | 153 | 156 | 154 | 151 | 155 | 3,84   | 1,96 | 6,00 | 152,88 | 153,00 |
| 9  | 154 | 156 | 154 | 153 | 155 | 150 | 153 | 151 | 2,86   | 1,69 | 5,00 | 154,00 | 154,00 |
| 10 | 153 | 152 | 153 | 151 | 153 | 154 | 150 | 156 | 3,36   | 1,83 | 6,00 | 152,75 | 153,00 |
| 11 | 153 | 158 | 151 | 151 | 152 | 155 | 153 | 150 | 6,70   | 2,59 | 8,00 | 152,88 | 152,50 |
| 12 | 152 | 151 | 151 | 150 | 153 | 152 | 155 | 152 | 2,29   | 1,51 | 5,00 | 152,00 | 152,00 |
| 13 | 152 | 151 | 153 | 154 | 152 | 155 | 152 | 150 | 2,55   | 1,60 | 5,00 | 152,38 | 152,00 |
| 14 | 155 | 153 | 155 | 158 | 150 | 150 | 151 | 152 | 8,00   | 2,83 | 8,00 | 153,00 | 152,50 |
| 15 | 154 | 154 | 156 | 156 | 153 | 151 | 156 | 153 | 3,27   | 1,81 | 5,00 | 154,13 | 154,00 |
| 16 | 156 | 151 | 150 | 156 | 153 | 153 | 153 | 153 | 4,41   | 2,10 | 6,00 | 153,13 | 153,00 |
| 17 | 155 | 151 | 151 | 151 | 153 | 152 | 151 | 152 | 2,00   | 1,41 | 4,00 | 152,00 | 151,50 |
| 18 | 153 | 155 | 152 | 158 | 155 | 151 | 150 | 151 | 7,27   | 2,70 | 8,00 | 153,13 | 152,50 |
| 19 | 155 | 155 | 153 | 156 | 151 | 154 | 155 | 153 | 2,57   | 1,60 | 5,00 | 154,00 | 154,50 |
| 20 | 153 | 152 | 153 | 150 | 153 | 151 | 156 | 156 | 4,57   | 2,14 | 6,00 | 153,00 | 153,00 |
| 21 | 154 | 153 | 151 | 153 | 154 | 154 | 154 | 153 | 1,07   | 1,04 | 3,00 | 153,25 | 153,50 |
| 22 | 153 | 156 | 155 | 154 | 153 | 152 | 152 | 156 | 2,70   | 1,64 | 4,00 | 153,88 | 153,50 |
| 23 | 152 | 154 | 152 | 153 | 149 | 150 | 150 | 155 | 4,41   | 2,10 | 6,00 | 151,88 | 152,00 |
| 24 | 154 | 154 | 153 | 152 | 156 | 154 | 153 | 152 | 1,71   | 1,31 | 4,00 | 153,50 | 153,50 |
| 25 | 155 | 150 | 152 | 151 | 158 | 153 | 155 | 150 | 8,00   | 2,83 | 8,00 | 153,00 | 152,50 |
|    |     |     |     |     |     |     |     | Total | 108,80 | 49,91 | 145,00 | 3.824,06 | 3.820,50 |

**Nota:** Os valores de $S_j^2$, $S_j$, $R_j$, $\bar{X}_j$ e $\tilde{X}_j$ para cada amostra foram obtidos a partir das Equações (3.4), (3.9), (3.18), (3.5) e (3.34), respectivamente.

Para construir o gráfico de controle $S$, é necessário inicialmente estimar os seus limites de controle. Isso pode ser feito de duas maneiras:

**a)** A partir da Equação (4.3), pode-se estimar os limites de controle para o gráfico $S$, onde a linha central ($LC$), é igual à média dos $m$ desvios padrão amostrais ($\bar{S}$), estimada pela Equação (3.15),

$$\bar{S} = \frac{1}{m}\sum_{j=1}^{m} S_j = \frac{1}{25} \times 49{,}91 \cong 2{,}00 = LC$$

e, fixando $k = 3$, têm-se os limites de controle superior e inferior, estimados, respectivamente, por

$$LSC = \bar{S} + k\frac{\bar{S}}{c_n}\sqrt{1 - c_n^2} = 2{,}00 + 3 \times \frac{2{,}00}{0{,}965} \times \sqrt{1 - (0{,}965)^2} = 3{,}63$$

e

$$LIC = \bar{S} - k\frac{\bar{S}}{c_n}\sqrt{1 - c_n^2} = 2{,}00 - 3 \times \frac{2{,}00}{0{,}965} \times \sqrt{1 - (0{,}965)^2} = 0{,}37,$$

onde o valor de $c_n = 0{,}965$ é estabelecido na Tabela A.1 do Anexo A, para $n = 8$.

**b)** Uma maneira mais simples de estimar os limites de controle do gráfico $S$ pode por meio da Equação (4.4), onde os valores de $B_3$ e $B_4$ dependem do tamanho $n$ da amostra e seus valores estão fixados na Tabela A.1 do Anexo A. Desta forma, os limites de controle superior e inferior são

$$LSC = B_4\bar{S} = 1{,}815 \times 2{,}00 = 3{,}63$$

e

$$LIC = B_3\bar{S} = 0{,}185 \times 2{,}00 = 0{,}37,$$

e a linha central é

$$LC = \bar{S} = 2{,}00.$$

Os limites de advertência para o gráfico $S$ são estimados por

$$LSA = \bar{S} + \frac{k}{2} \times \frac{\bar{S}}{c_n} \times \sqrt{1 - c_n^2} = 2{,}00 + \frac{3}{2} \times \frac{2{,}00}{0{,}965} \times \sqrt{1 - (0{,}965)^2} = 2{,}81$$

e

$$LIA = \bar{S} - \frac{k}{2} \times \frac{\bar{S}}{c_n} \times \sqrt{1 - c_n^2} = 2{,}00 - \frac{3}{2} \times \frac{2{,}00}{0{,}965} \times \sqrt{1 - (0{,}965)^2} = 1{,}18.$$

A Figura 4.1 apresenta o gráfico de controle $S$ para o exemplo mostrado na Tabela 4.1.

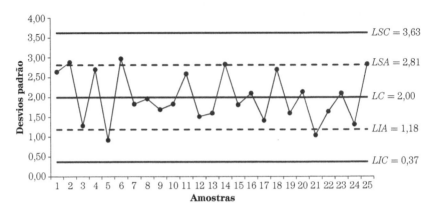

**Figura 4.1** Gráfico de controle $S$ com os limites de advertência para os dados de temperatura (°C) de eletrodos de carbono.

### 4.2.2 Gráfico da variância ou gráfico $S^2$

Outra forma de monitorar a variabilidade de um processo consiste em controlar a variância $\sigma^2$, o que pode ser feito com base no seu estimador não tendencioso $S^2$. O gráfico resultante é denominado gráfico $S^2$ ou gráfico de variância. Portanto, supõe-se que os valores observados da característica da qualidade monitorada são normalmente distribuídos com média $\mu$ e variância $\sigma^2$.

Se $m$ amostras são analisadas, cada uma com tamanho $n$, e suas variâncias $S_1^2, S_2^2, \ldots, S_m^2$ obtidas a partir da Equação (3.4), então a linha central e os limites de controle $k$ sigma do gráfico $S^2$ são definidos por

$$\begin{aligned} LSC &= \bar{S}^2 + k\bar{S}^2\sqrt{\frac{2}{n-1}} \\ LC &= \bar{S}^2 \\ LIC &= \bar{S}^2 - k\bar{S}^2\sqrt{\frac{2}{n-1}}, \end{aligned} \qquad (4.5)$$

onde $\bar{S}^2$ é dado pela Equação (3.3).

Para o usual $k = 3$, pode-se definir as constantes

$$B_7 = 1 - 3\sqrt{\frac{2}{n-1}}$$

e

$$B_8 = 1 + 3\sqrt{\frac{2}{n-1}}.$$

Assim, a linha central e os limites de controle para o gráfico $S^2$ passam a ser estimados por

$$\begin{aligned} LSC &= B_8 \bar{S}^2 \\ LC &= \bar{S}^2 \\ LIC &= B_7 \bar{S}^2. \end{aligned} \quad (4.6)$$

Os valores de $B_7$ e $B_8$ estão tabulados para alguns tamanhos amostrais na Tabela A.2 do Anexo A.

**Exercício resolvido 4.2** Para exemplificar a construção do gráfico de controle $S^2$, considere os dados apresentados na Tabela 4.1, que mostra a temperatura (°C) de eletrodos de carbono em 25 amostras de tamanho 8, do processo produtivo de alumínio.

Para construir o gráfico de controle $S^2$, é necessário inicialmente estimar os seus limites de controle. Isso pode ser feito de duas maneiras:

***a)*** A partir da Equação (4.5), pode-se estimar os limites de controle para o gráfico $S^2$, onde a linha central ($LC$) é igual à média das $m$ variâncias amostrais ($\bar{S}^2$), obtida a partir da Equação (3.3),

$$\bar{S}^2 = \frac{1}{m}\sum_{j=1}^{m} S_j^2 = \frac{1}{25} \times 108{,}80 = 4{,}35 = LC,$$

e, fixando-se $k = 3$, tem-se os limites de controle superior e inferior, estimados, respectivamente, por

$$LSC = \bar{S}^2 + k\bar{S}^2\sqrt{\frac{2}{n-1}} = 4{,}35 + 3 \times 4{,}35 \times \sqrt{\frac{2}{8-1}} = 11{,}33$$

e

$$LIC = \bar{S}^2 - k\bar{S}^2\sqrt{\frac{2}{n-1}} = 4,35 - 3 \times 4,35 \times \sqrt{\frac{2}{8-1}} = -2,63 \Longrightarrow LIC = 0.$$

Observe que, como o $LIC$ apresenta valor negativo, então $LIC = 0$.

**b)** Outra maneira, mais simples, de estimar os limites de controle do gráfico $S^2$ pode ser feita por meio da Equação (4.6), ou seja,

$$LSC = B_8 \bar{S}^2 = 2,604 \times 4,35 = 11,33$$

e

$$LIC = B_7 \bar{S}^2 = 0 \times 4,35 = 0,$$

e a linha central é

$$LC = \bar{S}^2 = 4,35,$$

onde os valores de $B_7$ e $B_8$ para $n = 8$ estão fixados na Tabela A.2 do Anexo A.

A Figura 4.2 apresenta o gráfico de controle $S^2$ para o exemplo mostrado na Tabela 4.1.

A Figura 4.2 pode ser construída apresentando os limites de advertência, a partir da Equação (3.49), como no Exercício Resolvido 4.1.

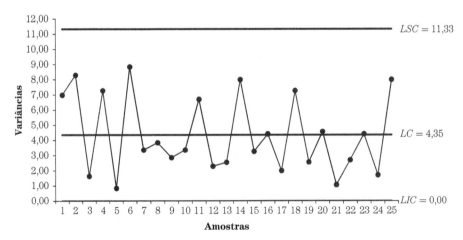

**Figura 4.2** Gráfico de controle $S^2$ para os dados de temperatura (°C) de eletrodos de carbono.

### 4.2.3 Gráfico da amplitude ou gráfico $R$

O mais comum dos gráficos de controle para medir a dispersão na distribuição básica de uma característica da qualidade é o gráfico da amplitude ou gráfico $R$. Sua popularidade é devido à facilidade com que as amplitudes são calculadas. Para determinar os limites de controle do gráfico $R$, é necessário supor que os valores observados da característica da qualidade monitorada são normalmente distribuídos com média $\mu$ e variância $\sigma^2$.

Se $m$ amostras são analisadas, cada uma com tamanho $n$, e suas amplitudes $R_1, R_2, \ldots, R_m$ obtidas a partir da Equação (3.18), então a linha central e os limites de controle $k$ sigma do gráfico $R$ são

$$\begin{aligned} LSC &= \bar{R} + kd_3\frac{\bar{R}}{d_2} \\ LC &= \bar{R} \\ LIC &= \bar{R} - kd_3\frac{\bar{R}}{d_2}, \end{aligned} \quad (4.7)$$

onde $\bar{R}$ é dado pela Equação (3.19) e os valores de $d_2$ e $d_3$ estão tabulados para alguns tamanhos amostrais na Tabela A.2 do Anexo A.

Para o usual $k = 3$, podem-se definir as constantes

$$D_3 = 1 - 3\frac{d_3}{d_2}$$

e

$$D_4 = 1 + 3\frac{d_3}{d_2}.$$

Assim, a linha central e os limites de controle para o gráfico $R$ passam a ser estimados por

$$\begin{aligned} LSC &= D_4\bar{R} \\ LC &= \bar{R} \\ LIC &= D_3\bar{R}. \end{aligned} \quad (4.8)$$

Os valores de $D_3$ e $D_4$ estão tabulados para alguns tamanhos amostrais na Tabela A.2 do Anexo A.

**Exercício resolvido 4.3** Para exemplificar a construção do gráfico de controle $R$, considere os dados apresentados na Tabela 4.1, que mostra a temperatura (°C) de eletrodos de carbono em 25 amostras de tamanho 8, do processo produtivo de alumínio.

Para construir o gráfico de controle $R$, é necessário inicialmente estimar os seus limites de controle. Isso pode ser feito de duas maneiras:

**a)** A partir da Equação (4.7), pode-se estimar os limites de controle para o gráfico $R$, onde a linha central é igual à média das $m$ amplitudes amostrais ($\bar{R}$), obtida a partir da Equação (3.19),

$$\bar{R} = \frac{1}{m} \sum_{j=1}^{m} R_j = \frac{1}{25} \times 145{,}00 = 5{,}80 = LC,$$

e, fixando $k = 3$, os limites de controle superior e inferior são estimados, respectivamente, por

$$LSC = \bar{R} + kd_3 \frac{\bar{R}}{d_2} = 5{,}80 + 3 \times 0{,}8200 \times \frac{5{,}80}{2{,}8470} = 10{,}81$$

e

$$LIC = \bar{R} - kd_3 \frac{\bar{R}}{d_2} = 5{,}80 - 3 \times 0{,}8200 \times \frac{5{,}80}{2{,}8470} = 0{,}79,$$

onde $d_3 = 0{,}8200$ e $d_2 = 2{,}8470$ para $n = 8$, de acordo com a Tabela A.2 do Anexo A.

**b)** Outra maneira, mais simples, de estimar os limites de controle do gráfico $R$ pode ser feita por meio da Equação (4.8), ou seja,

$$LSC = D_4 \bar{R} = 1{,}864 \times 5{,}80 = 10{,}81$$

e

$$LIC = D_3 \bar{R} = 0{,}136 \times 5{,}80 = 0{,}79$$

e a linha central é

$$LC = \bar{R} = 5{,}80,$$

sendo que $D_3 = 0{,}136$ e $D_4 = 1{,}864$ para $n = 8$, de acordo com a Tabela A.2 do Anexo A.

A Figura 4.3 apresenta o gráfico de controle $R$ para o exemplo mostrado na Tabela 4.1.

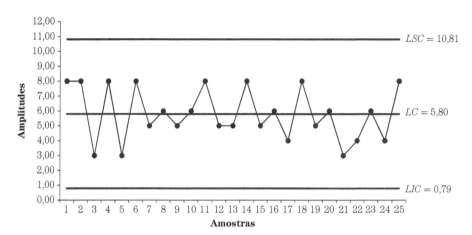

**Figura 4.3** Gráfico de controle $R$ para os dados de temperatura (°C) de eletrodos de carbono.

A Figura 4.3 pode ser construída apresentando os limites de advertência, a partir da Equação (3.49), como no Exercício Resolvido 4.1.

## 4.3 Gráficos de controle para monitorar o nível do processo

Os gráficos de controle para o nível do processo monitoram a variabilidade entre as amostras. Antes de se construir um gráfico de controle para o nível do processo $\mu$, em um tempo $t$, é necessário decidir se é desejável detectar mudanças em ambas as direções, ou uma mudança em somente uma direção na característica da qualidade monitorada $X$ ($X \sim N(\mu, \sigma^2)$). Se o interesse é no último caso, utiliza-se um gráfico de controle unilateral para o nível do processo. Logo, as hipóteses de interesse são da seguinte forma:

$$H_0 : \mu_t \leq \mu \\ H_1 : \mu_t > \mu, \quad (4.9)$$

onde $H_0$ é a hipótese a ser testada (hipótese nula), $H_1$ é a hipótese alternativa e $\mu_t$ é o nível monitorado do processo no instante $t$.

Se movimentos crescentes e decrescentes no nível do processo são relevantes, então implementa-se um gráfico de controle bilateral para o nível do processo. Neste caso, as hipóteses de interesse são

$$H_0 : \mu_t = \mu \qquad\qquad (4.10)$$
$$H_1 : \mu_t \neq \mu.$$

No que segue, dois diferentes gráficos de controle para o nível do processo são introduzidos: o gráfico da média e o gráfico da mediana, dependendo se a média amostral $\bar{X}$ ou a mediana amostral $\tilde{X}$, respectivamente, for escolhida como estatística de teste.

### 4.3.1 Gráfico da média ou gráfico $\bar{X}$

O mais comum dos gráficos de controle para estudar e controlar a tendência central na distribuição básica de uma característica da qualidade é o gráfico da média ou gráfico $\bar{X}$. Sua relativa facilidade de cálculo e aplicação, aliada à sua excelente sensibilidade na detecção de mudanças na média da distribuição, contam a favor da sua popularidade.

Para o processo de construção do gráfico $\bar{X}$, assume-se que a característica da qualidade monitorada $X$ é normalmente distribuída com média $\mu$ e variância $\sigma^2$.

Se $m$ amostras são analisadas, cada uma com tamanho $n$, e suas médias $\bar{X}_1, \bar{X}_2, \ldots, \bar{X}_m$ calculadas a partir da Equação (3.5), então a linha central e os limites de controle $k$ sigma do gráfico $\bar{X}$, quando o desvio padrão amostral é usado para estimar $\sigma$, são dados por

$$
\begin{aligned}
LSC &= \bar{\bar{X}} + k\frac{\bar{S}}{c_n\sqrt{n}} \\
LC &= \bar{\bar{X}} \\
LIC &= \bar{\bar{X}} - k\frac{\bar{S}}{c_n\sqrt{n}},
\end{aligned}
\qquad (4.11)
$$

onde os valores de $c_n$ estão tabulados na Tabela A.1 do Anexo A e os valores de $\bar{S}$ e $\bar{\bar{X}}$ são dados pelas Equações (3.15) e (3.32), respectivamente.

Para o usual $k = 3$, pode-se definir a constante

$$A_3 = \frac{3}{c_n\sqrt{n}}.$$

Assim, a linha central e os limites de controle para o gráfico $\bar{X}$ passam a ser estimados por

$$LSC = \bar{\bar{X}} + A_3 \bar{S}$$
$$LC = \bar{\bar{X}} \qquad (4.12)$$
$$LIC = \bar{\bar{X}} - A_3 \bar{S}.$$

Os valores de $A_3$ estão tabulados para vários tamanhos amostrais na Tabela A.3 do Anexo A.

Quando a amplitude amostral é utilizada para estimar $\sigma$, a linha central e os limites de controle $k$ sigma do gráfico $\bar{X}$ são obtidos por

$$LSC = \bar{\bar{X}} + k\frac{\bar{R}}{d_2\sqrt{n}}$$
$$LC = \bar{\bar{X}} \qquad (4.13)$$
$$LIC = \bar{\bar{X}} - k\frac{\bar{R}}{d_2\sqrt{n}},$$

onde $\bar{R}$ é dado pela Equação (3.19) e os valores de $d_2$ estão tabulados para alguns tamanhos amostrais na Tabela A.2 do Anexo A.

Para o usual $k = 3$, pode-se definir a constante

$$A_2 = \frac{3}{d_2\sqrt{n}}.$$

Assim, a linha central e os limites de controle para o gráfico $\bar{X}$ passam a ser estimados por

$$LSC = \bar{\bar{X}} + A_2 \bar{R}$$
$$LC = \bar{\bar{X}} \qquad (4.14)$$
$$LIC = \bar{\bar{X}} - A_2 \bar{R}.$$

Os valores de $A_2$ estão tabulados para alguns tamanhos amostrais na Tabela A.3 do Anexo A.

**Exercício resolvido 4.4** Para exemplificar a construção do gráfico de controle $\bar{X}$, considere os dados apresentados na Tabela 4.1, que mostra a temperatura (°C) de eletrodos de carbono em 25 amostras de tamanho 8, do processo produtivo de alumínio.

Nesta solução, utilizar-se-á a Equação (4.11), onde o desvio padrão amostral é adotado para estimar $\sigma$. Neste caso, a média das $m$ médias amostrais ($\bar{\bar{X}}$), obtida a partir da Equação (3.32), é a linha central ($LC$), dada por

$$\bar{\bar{X}} = \frac{1}{m}\sum_{j=1}^{m}\bar{X}_j = \frac{1}{25} \times 3824{,}06 = 152{,}96 = LC.$$

Então, fixando $k = 3$, os limites de controle superior e inferior são, respectivamente,

$$LSC = \bar{\bar{X}} + k\frac{\bar{S}}{c_n\sqrt{n}} = 152{,}96 + 3 \times \frac{2{,}00}{0{,}9650 \times \sqrt{8}} = 155{,}16$$

e

$$LIC = \bar{\bar{X}} - k\frac{\bar{S}}{c_n\sqrt{n}} = 152{,}96 - 3 \times \frac{2{,}00}{0{,}9650 \times \sqrt{8}} = 150{,}77,$$

onde $c_n = 0{,}9650$ para $n = 8$, de acordo com a Tabela A.1 do Anexo A.

A Figura 4.4 apresenta o gráfico de controle $\bar{X}$ para o exemplo mostrado na Tabela 4.1.

A Figura 4.4 pode ser construída apresentando os limites de advertência, a partir da Equação (3.49), como no Exercício Resolvido 4.1.

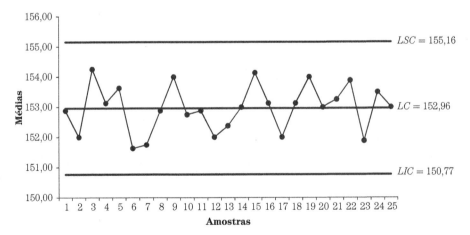

**Figura 4.4** Gráfico de controle $\bar{X}$ para os dados de temperatura (°C) de eletrodos de carbono, utilizando a Equação (4.11).

## 4.3.2 Gráfico da mediana ou gráfico $\tilde{X}$

Outro gráfico que utiliza uma medida de tendência central da distribuição básica de uma característica da qualidade, utilizado para estudar e controlar o nível do processo, é o gráfico da mediana ou gráfico $\tilde{X}$. Assume-se que a característica da qualidade monitorada $X$ é normalmente distribuída com média $\mu$ e variância $\sigma^2$.

Se $m$ amostras, cada uma com tamanho $n$, e suas medianas $\tilde{X}_1, \tilde{X}_2, \ldots, \tilde{X}_m$, obtidas a partir da Equação (3.34) para tamanhos amostrais ímpares e para tamanhos amostrais pares são analisadas, utiliza-se como mediana a média aritmética das duas observações centrais. Então a linha central e os limites de controle $k$ sigma do gráfico $\tilde{X}$, quando o desvio padrão é usado para estimar $\sigma$ e a média das medianas amostrais é usada para estimar $\mu$, são dados por

$$
\begin{aligned}
LSC &= \bar{\tilde{X}} + kh_n \frac{\bar{S}}{c_n} \\
LC &= \bar{\tilde{X}} \\
LIC &= \bar{\tilde{X}} - kh_n \frac{\bar{S}}{c_n}.
\end{aligned}
\quad (4.15)
$$

Por outro lado, se, em vez da média das médias amostrais, utiliza-se a mediana das medianas amostrais para estimar $\mu$, os limites de controle passam a ser estimados por

$$
\begin{aligned}
LSC &= \tilde{\tilde{X}} + kh_n \frac{\bar{S}}{c_n} \\
LC &= \tilde{\tilde{X}} \\
LIC &= \tilde{\tilde{X}} - kh_n \frac{\bar{S}}{c_n},
\end{aligned}
\quad (4.16)
$$

onde $\bar{S}$, $\tilde{\tilde{X}}$ e $\bar{\tilde{X}}$ são dados pelas Equações (3.15), (3.37) e (3.39), respectivamente, e os valores de $c_n$ e $h_n$ são os tabulados para alguns tamanhos amostrais na Tabela A.1 e A.3 do Anexo A, respectivamente.

Para o usual $k = 3$, pode-se definir a constante

$$H_3 = \frac{3h_n}{c_n} \quad (4.17)$$

Assim, a linha central e os limites de controle para o gráfico $\tilde{X}$ passam a ser estimados por

$$\begin{aligned} LSC &= \bar{\bar{X}} + H_3 \bar{S} \\ LC &= \bar{\bar{X}} \\ LIC &= \bar{\bar{X}} - H_3 \bar{S} \end{aligned} \qquad (4.18)$$

ou

$$\begin{aligned} LSC &= \bar{\tilde{X}} + H_3 \bar{S} \\ LC &= \bar{\tilde{X}} \\ LIC &= \bar{\tilde{X}} - H_3 \bar{S}. \end{aligned} \qquad (4.19)$$

Os valores de $H_3$ estão tabulados para alguns tamanhos amostrais na Tabela A.3 do Anexo A.

Quando a amplitude amostral é utilizada para estimar $\sigma$ e a média das medianas amostrais é usada para estimar $\mu$, a linha central e os limites de controle $k$ sigma são dados por

$$\begin{aligned} LSC &= \bar{\bar{X}} + kh_n \frac{\bar{R}}{d_2} \\ LC &= \bar{\bar{X}} \\ LIC &= \bar{\bar{X}} - kh_n \frac{\bar{R}}{d_2}. \end{aligned} \qquad (4.20)$$

Se a mediana das medianas amostrais for utilizada para estimar $\mu$, tem-se

$$\begin{aligned} LSC &= \bar{\tilde{X}} + kh_n \frac{\bar{R}}{d_2} \\ LC &= \bar{\tilde{X}} \\ LIC &= \bar{\tilde{X}} - kh_n \frac{\bar{R}}{d_2}, \end{aligned} \qquad (4.21)$$

onde $\bar{R}$ é dado pela Equação (3.19) e os valores de $d_2$ estão tabulados para alguns tamanhos amostrais na Tabela A.2 do Anexo A.

Para o usual $k = 3$, pode-se definir a constante

$$H_4 = \frac{3h_n}{d_2}. \qquad (4.22)$$

Assim, a linha central e os limites de controle para o gráfico $\tilde{X}$ passam a ser estimados por

$$\begin{aligned} LSC &= \bar{\bar{X}} + H_4 \bar{R} \\ LC &= \bar{\bar{X}} \\ LIC &= \bar{\bar{X}} - H_4 \bar{R} \end{aligned} \qquad (4.23)$$

ou

$$\begin{aligned} LSC &= \bar{\tilde{X}} + H_4 \bar{R} \\ LC &= \bar{\tilde{X}} \\ LIC &= \bar{\tilde{X}} - H_4 \bar{R}. \end{aligned} \qquad (4.24)$$

Os valores de $H_4$ estão tabulados para alguns tamanhos amostrais na Tabela A.3 do Anexo A.

**Exercício resolvido 4.5** Para exemplificar a construção do gráfico de controle $\tilde{X}$ considere os dados apresentados na Tabela 4.1, que mostra a temperatura (°C) de eletrodos de carbono em 25 amostras de tamanho 8, do processo produtivo de alumínio.

Para a resolução deste problema, utiliza-se somente a Equação (4.15), onde o desvio padrão amostral é utilizado para estimar $\sigma$. Portanto, a média das $m$ medianas amostrais ($\bar{\tilde{X}}$), obtida a partir da Equação (3.39), é tomada como a linha central ($LC$),

$$\bar{\tilde{X}} = \frac{1}{m}\sum_{j=1}^{m} \tilde{X}_j = \frac{1}{25} \times 3820{,}50 = 152{,}82 = LC.$$

Então, fixando $k = 3$, os limites de controle superior e inferior são, respectivamente,

$$LSC = \bar{\bar{X}} + kh_n \frac{\bar{S}}{c_n} = 152{,}82 + 3 \times 0{,}4430 \times \frac{2{,}00}{0{,}9650} = 157{,}57$$

e

$$LIC = \bar{\bar{X}} - kh_n \frac{\bar{S}}{c_n} = 152{,}82 - 3 \times 0{,}4430 \times \frac{2{,}00}{0{,}9650} = 150{,}07,$$

onde $c_n = 0{,}9650$ e $h_n = 0{,}4430$ para $n = 8$, de acordo com as Tabelas A.1 e A.3 do Anexo A, respectivamente.

A Figura 4.5 apresenta o gráfico de controle $\tilde{X}$ para o exemplo mostrado na Tabela 4.1.

A Figura 4.5 pode ser construída apresentando os limites de advertência, a partir da Equação (3.49), como no Exercício Resolvido 4.1.

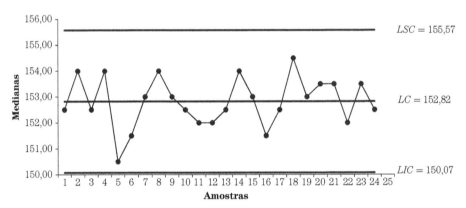

**Figura 4.5** Gráfico de controle $\tilde{X}$ para os dados de temperatura (°C) de eletrodos de carbono, utilizando a Equação (4.15).

## 4.4 Exercícios

1. Considerando os dados, apresentados na Tabela C.2 do Anexo C, do teor de sódio em 25 amostras de tamanho 5, de um processo químico, pede-se:
   a) construa o gráfico de controle para o desvio padrão;
   b) construa o gráfico de controle para o desvio padrão, plotando os limites de advertência.
2. Utilizando os dados, apresentados na Tabela C.1 do Anexo C, da temperatura do óleo de misturadores em 25 amostras de tamanho 8, de um processo metalúrgico, pede-se:
   a) construa o gráfico de controle para o desvio padrão;
   b) construa o gráfico de controle para o desvio padrão, plotando os limites de advertência.
3. Dado o conjunto apresentado na Tabela C.2 do Anexo C, construa:
   a) o gráfico de controle para a variância;
   b) o gráfico de controle para a variância, plotando os limites de advertência.
4. Dado o conjunto apresentado na Tabela C.1 do Anexo C, construa:
   a) o gráfico de controle para a variância;
   b) o gráfico de controle para a variância, plotando os limites de advertência.
5. Utilizando os dados dados, apresentados na Tabela C.1 do Anexo C, da temperatura do óleo de misturadores em 25 amostras de tamanho 8, de um processo metalúrgico, construa:
   a) o gráfico de controle para a amplitude;
   b) o gráfico de controle para a amplitude, plotando os limites de advertência.
6. Utilizando os dados de teor de sódio de um processo químico, apresentados na Tabela C.1 do Anexo B, construa:
   a) o gráfico de controle para a amplitude;
   b) o gráfico de controle para a amplitude, plotando os limites de advertência.
7. Considerando os dados apresentados na Tabela C.2 do Anexo C, construa:
   a) o gráfico de controle da média, considerando o estimador baseado no desvio padrão amostral para estimar $\sigma$;

b) o gráfico de controle da média, plotando os limites de advertência, considerando o estimador baseado no desvio padrão amostral para estimar $\sigma$.
8. Considerando os dados apresentados na Tabela C.1 do Anexo C, construa:
   a) o gráfico de controle da média, considerando o estimador baseado no desvio padrão amostral para estimar $\sigma$;
   b) o gráfico de controle da média, plotando os limites de advertência, considerando o estimador baseado no desvio padrão amostral para estimar $\sigma$.
9. Utilizando os dados apresentados na Tabela C.2 do Anexo C, construa:
   a) o gráfico de controle da média, considerando o estimador baseado na amplitude amostral para estimar $\sigma$;
   b) o gráfico de controle da média, plotando os limites de advertência, considerando o estimador baseado na amplitude amostral para estimar $\sigma$.
10. Utilizando os dados apresentados na Tabela C.1 do Anexo C, construa:
    a) o gráfico de controle da média, considerando o estimador baseado na amplitude amostral para estimar $\sigma$;
    b) o gráfico de controle da média, plotando os limites de advertência, considerando o estimador baseado na amplitude amostral para estimar $\sigma$.
11. Com os dados apresentados na Tabela C.2 do Anexo C, construa:
    a) o gráfico de controle da mediana, considerando a média das medianas amostrais para estimar $\mu$ e o estimador baseado no desvio padrão amostral para estimar $\sigma$;
    b) o gráfico de controle da mediana, plotando os limites de advertência, considerando a média das medianas amostrais para estimar $\mu$ e o estimador baseado no desvio padrão amostral para estimar $\sigma$.
12. Com os dados apresentados na Tabela C.1 do Anexo C, construa:
    a) o gráfico de controle da mediana, considerando a média das medianas amostrais para estimar $\mu$ e o estimador baseado no desvio padrão amostral para estimar $\sigma$;
    b) o gráfico de controle da mediana, plotando os limites de advertência, considerando a média das medianas amostrais para estimar $\mu$ e o estimador baseado no desvio padrão amostral para estimar $\sigma$.

13. A partir dos dados apresentados na Tabela C.2 do Anexo C, construa:
   a) o gráfico de controle da mediana, considerando a mediana das medianas amostrais para estimar $\mu$ e o estimador baseado no desvio padrão amostral para estimar $\sigma$;
   b) o gráfico de controle da mediana, plotando os limites de advertência, considerando a mediana das medianas amostrais para estimar $\mu$ e o estimador baseado no desvio padrão amostral para estimar $\sigma$.
14. A partir dos dados apresentados na Tabela C.1 do Anexo C, construa:
   a) o gráfico de controle da mediana, considerando a mediana das medianas amostrais para estimar $\mu$ e o estimador baseado no desvio padrão amostral para estimar $\sigma$;
   b) o gráfico de controle da mediana, plotando os limites de advertência, considerando a mediana das medianas amostrais para estimar $\mu$ e o estimador baseado no desvio padrão amostral para estimar $\sigma$.
15. A partir dos dados apresentados na Tabela C.2 do Anexo C, construa:
   a) o gráfico de controle da mediana, considerando a média das medianas amostrais para estimar $\mu$ e o estimador baseado na amplitude amostral para estimar $\sigma$;
   b) o gráfico de controle da mediana, plotando os limites de advertência, considerando a média das medianas amostrais para estimar $\mu$ e o estimador baseado na amplitude amostral para estimar $\sigma$.
16. A partir dos dados apresentados na Tabela C.1 do Anexo C, construa:
   a) o gráfico de controle da mediana, considerando a média das medianas amostrais para estimar $\mu$ e o estimador baseado na amplitude amostral para estimar $\sigma$;
   b) o gráfico de controle da mediana, plotando os limites de advertência, considerando a média das medianas amostrais para estimar $\mu$ e o estimador baseado na amplitude amostral para estimar $\sigma$.
17. A partir dos dados apresentados na Tabela C.2 do Anexo C, construa:
   a) o gráfico de controle da mediana, considerando a mediana das medianas amostrais para estimar $\mu$ e o estimador baseado na amplitude amostral para estimar $\sigma$;
   b) o gráfico de controle da mediana, plotando os limites de advertência, considerando a mediana das medianas amostrais para estimar $\mu$ e o estimador baseado na amplitude amostral para estimar $\sigma$.

18. A partir dos dados apresentados na Tabela C.1 do Anexo C, construa:
    a) o gráfico de controle da mediana, considerando a mediana das medianas amostrais para estimar $\mu$ e o estimador baseado na amplitude amostral para estimar $\sigma$;
    b) o gráfico de controle da mediana, plotando os limites de advertência, considerando a mediana das medianas amostrais para estimar $\mu$ e o estimador baseado na amplitude amostral para estimar $\sigma$.
19. Utilizando os dados apresentados na Tabela C.2 do Anexo C, obtenha os limites de controle superior e inferior do gráfico de controle do desvio padrão, a partir da Equação (4.4), e compare com os limites de controle obtidos no Item ($a$) do Exercício 1.
20. Utilizando os dados apresentados na Tabela C.1 do Anexo C, obtenha os limites de controle superior e inferior do gráfico de controle da média, a partir da Equação (4.12), e compare com os limites de controle obtidos no Item ($a$) do Exercício 8.

# Capítulo 5

# Gráficos de Controle para Atributos

O atributo é uma característica da qualidade representada pela ausência ou presença de não conformidade em um processo ou serviço, onde não conformidade significa falha no atendimento das necessidades e/ou expectativas do cliente; é um defeito do produto ou serviço. Para Prazeres (1996), o termo atributo significa "característica ou propriedade de uma unidade de produto ou serviço, avaliada quanto a existência ou não de um requisito especificado ou esperado"; por exemplo, aprovação ou não aprovação de um serviço executado, unidades defeituosas de um determinado produto, não conformidades encontradas em um produto ou serviço, etc.

## 5.1 Gráfico de controle para fração não conforme ou gráfico $p$ para tamanho de subgrupos fixos

A fração não conforme ($p_j$) é a razão entre o número de itens não conformes de uma amostra ($d_j$) e o total de itens da amostra ($n$), isto é,

$$\hat{p}_j = \frac{d_j}{n}, \qquad j = 1, \ldots, m. \tag{5.1}$$

Caso a fração não conforme ($p_j$) seja conhecida e o número de itens não conformes da amostra ($d_j$) não seja fornecido diretamente no problema, este pode ser estimado a partir da Equação (5.1), ou seja,

$$\hat{d}_j = n \times p_j, \quad j = 1, \ldots, m. \quad (5.2)$$

Se $m$ amostras são analisadas, cada uma com tamanho $n$, e $p_j$ é a fração não conforme da $j$-ésima amostra, a linha central e os limites de controle $k$ sigma do gráfico $p$ são dados por

$$\begin{aligned} LSC &= \bar{p} + k\sqrt{\frac{\bar{p}(1-\bar{p})}{n}} \\ LC &= \bar{p} \\ LIC &= \bar{p} - k\sqrt{\frac{\bar{p}(1-\bar{p})}{n}}, \end{aligned} \quad (5.3)$$

onde

$$\bar{p} = \frac{1}{m}\sum_{j=1}^{m} p_j \quad (5.4)$$

é a média das $m$ frações não conformes e $k$ usualmente assume o valor 3. Uma informação importante é que, quando o resultado númerico do $LIC$ apresentar valor negativo, deve-se adotar para este o valor zero, ou seja, $LIC = 0$.

**Exercício resolvido 5.1** Para exemplificar a construção do gráfico de controle $p$, com seus limites de advertência, considere o conjunto de dados apresentado na Tabela 5.1, que mostra a quantidade de unidades não conformes em 30 amostras de tamanho 100 do processo produtivo de ovos de galinhas.

Para exemplificar, a fração não conforme para a primeira amostra é

$$\hat{p}_1 = \frac{d_1}{n} = \frac{11}{100} = 0{,}1100.$$

A média das $m$ frações não conformes ($\hat{p}_j$), obtida a partir da Equação (5.4), é

$$\bar{p} = \frac{1}{m}\sum_{j=1}^{m} p_j = \frac{1}{30} \times 2{,}6100 = 0{,}0870.$$

**Tabela 5.1** Número de itens não conformes e frações não conformes estimadas de um processo produtivo de ovos de galinhas

| Amostra (j) | N° de unidades não conformes ($d_j$) | $\hat{p}_j$ | Amostra (j) | N° de unidades não conformes ($d_j$) | $\hat{p}_j$ |
|---|---|---|---|---|---|
| 1 | 11 | 0,1100 | 16 | 8 | 0,0800 |
| 2 | 8 | 0,0800 | 17 | 12 | 0,1200 |
| 3 | 12 | 0,1200 | 18 | 6 | 0,0600 |
| 4 | 6 | 0,0600 | 19 | 5 | 0,0500 |
| 5 | 8 | 0,0800 | 20 | 11 | 0,1100 |
| 6 | 12 | 0,1200 | 21 | 12 | 0,1200 |
| 7 | 6 | 0,0600 | 22 | 7 | 0,0700 |
| 8 | 10 | 0,1000 | 23 | 10 | 0,1000 |
| 9 | 6 | 0,0600 | 24 | 6 | 0,0600 |
| 10 | 11 | 0,1100 | 25 | 12 | 0,1200 |
| 11 | 6 | 0,0600 | 26 | 8 | 0,0800 |
| 12 | 11 | 0,1100 | 27 | 5 | 0,0500 |
| 13 | 10 | 0,1000 | 28 | 9 | 0,0900 |
| 14 | 9 | 0,0900 | 29 | 8 | 0,0800 |
| 15 | 6 | 0,0600 | 30 | 10 | 0,1000 |

**Nota:** Os valores de $\hat{p}_j$ para cada amostra foram obtidos a partir da Equação (5.1).

Então, fixando $k = 3$, os limites de controle superior e inferior são, respectivamente,

$$LSC = \bar{p} + k\sqrt{\frac{\bar{p}(1-\bar{p})}{n}} = 0,0870 + 3 \times \sqrt{\frac{0,0870(1-0,0870)}{100}} = 0,1716$$

e

$$LIC = \bar{p} - k\sqrt{\frac{\bar{p}(1-\bar{p})}{n}} = 0,0870 - 3 \times \sqrt{\frac{0,0870(1-0,0870)}{100}} = 0,0024.$$

A linha central é

$$LC = \bar{p} = 0,0870.$$

Os limites de advertência para o gráfico $p$ são estimados por

$$LSA = \bar{p} + \frac{k}{2} \times \sqrt{\frac{\bar{p}(1-\bar{p})}{n}} = 0,0870 + \frac{3}{2} \times \sqrt{\frac{0,0870(1-0,0870)}{100}} = 0,1293$$

e

$$LIA = \bar{p} - \frac{k}{2} \times \sqrt{\frac{\bar{p}(1-\bar{p})}{n}} = 0{,}0870 - \frac{3}{2} \times \sqrt{\frac{0{,}0870\,(1-0{,}0870)}{100}} = 0{,}0447.$$

A Figura 5.1 apresenta o gráfico de controle $p$ para o Exercício Resolvido 5.1.

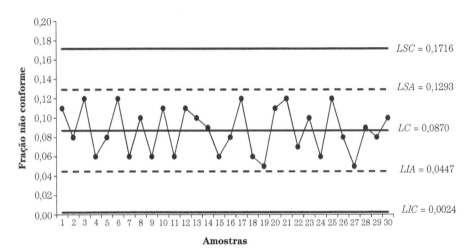

**Figura 5.1** Gráfico de controle $p$ com os limites de advertência para o processo produtivo de ovos de galinhas em uma granja.

## 5.2 Gráfico para a fração não conforme ou gráfico $p$ para tamanho de subgrupos variáveis

### 5.2.1 Gráfico de controle $p$ com tamanho variável de amostra

Durante a construção do gráfico de controle $p$, o tamanho amostral $n$ pode ser variável. Neste caso, a fração não conforme ($p_j$) é estimada por

$$\hat{p}_j = \frac{d_j}{n_j}, \qquad j = 1, \ldots, m, \tag{5.5}$$

e o número estimado de itens não conformes da amostra ($\hat{d}_j$) é

$$\hat{d}_j = n_j \times p_j. \tag{5.6}$$

**Capítulo 5** Gráficos de Controle para Atributos    **79**

Se $m$ amostras são analisadas, cada uma com tamanho $n_j$, então a linha central e os limites de controle $k$ sigma do gráfico $p$ são dados por

$$LSC_j = \bar{p} + k\sqrt{\frac{\bar{p}(1-\bar{p})}{n_j}}$$
$$LC = \bar{p} \qquad (5.7)$$
$$LIC_j = \bar{p} - k\sqrt{\frac{\bar{p}(1-\bar{p})}{n_j}},$$

onde $\bar{p}$ é definido pela Equação (5.4). Uma informação importante é que, quando o resultado numérico do $LIC$ apresentar valor negativo, deve-se adotar para este o valor zero, ou seja, $LIC = 0$.

**Exercício resolvido 5.2** Para exemplificar a construção do gráfico de controle $p$ com tamanho variável de amostra, considere o conjunto de dados apresentado na Tabela 5.2, que mostra a quantidade de unidades não conformes em 30 amostras de tamanho variável $n_j$ do processo produtivo de ovos de galinhas.

**Tabela 5.2** Número de itens não conformes e frações não conformes estimadas de um processo produtivo de ovos de galinhas, com tamanho de subgrupos amostral $n_j$ variável

| Amostra ($j$) | $n_j$ | Nº de unidades não conformes ($d_j$) | $\hat{p}_j$ | Amostra ($j$) | $n_j$ | Nº de unidades não conformes ($d_j$) | $\hat{p}_j$ |
|---|---|---|---|---|---|---|---|
| 1 | 92 | 11 | 0,1196 | 16 | 84 | 8 | 0,0952 |
| 2 | 86 | 8 | 0,0930 | 17 | 92 | 12 | 0,1304 |
| 3 | 84 | 12 | 0,1429 | 18 | 96 | 6 | 0,0625 |
| 4 | 94 | 6 | 0,0638 | 19 | 92 | 5 | 0,0543 |
| 5 | 90 | 8 | 0,0889 | 20 | 90 | 11 | 0,1222 |
| 6 | 88 | 12 | 0,1364 | 21 | 86 | 12 | 0,1395 |
| 7 | 90 | 6 | 0,0667 | 22 | 84 | 7 | 0,0833 |
| 8 | 96 | 10 | 0,1042 | 23 | 90 | 10 | 0,1111 |
| 9 | 86 | 6 | 0,0698 | 24 | 96 | 6 | 0,0625 |
| 10 | 94 | 11 | 0,1170 | 25 | 88 | 12 | 0,1364 |
| 11 | 86 | 6 | 0,0698 | 26 | 92 | 8 | 0,0870 |
| 12 | 84 | 11 | 0,1310 | 27 | 84 | 5 | 0,0595 |
| 13 | 96 | 10 | 0,1042 | 28 | 92 | 9 | 0,0978 |
| 14 | 86 | 9 | 0,1047 | 29 | 96 | 8 | 0,0833 |
| 15 | 98 | 6 | 0,0612 | 30 | 90 | 10 | 0,1111 |

**Nota:** Os valores de $\hat{p}_j$ para cada amostra foram obtidos a partir da Equação (5.5).

Para exemplificar, a fração não conforme para a primeira amostra é

$$\hat{p}_1 = \frac{d_1}{n_1} = \frac{11}{92} = 0{,}1196.$$

A média das $m$ frações não conformes, obtida a partir da Equação (5.4), é

$$\bar{p} = \frac{1}{m}\sum_{j=1}^{m} p_j = \frac{1}{30} \times 2{,}9093 = 0{,}0970.$$

Então, fixando $k = 3$, os limites de controle superior e inferior para a primeira amostra são, respectivamente,

$$LSC_1 = \bar{p} + k\sqrt{\frac{\bar{p}(1-\bar{p})}{n_j}} = 0{,}0970 + 3 \times \sqrt{\frac{0{,}0970(1-0{,}0970)}{92}} = 0{,}1896$$

e

$$LIC_1 = \bar{p} - k\sqrt{\frac{\bar{p}(1-\bar{p})}{n_j}} = 0{,}0970 - 3 \times \sqrt{\frac{0{,}0970(1-0{,}0970)}{92}} = 0{,}0044.$$

A linha central é

$$LC = \bar{p} = 0{,}0970.$$

A Figura 5.2 apresenta o gráfico de controle $p$ com tamanho variável de amostra para o Exercício Resolvido 5.2.

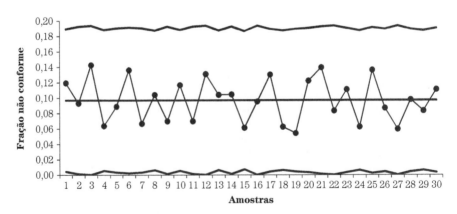

**Figura 5.2** Gráfico de controle $p$ com tamanho variável de amostra para o processo produtivo de ovos de galinhas.

A Figura 5.2 pode ser construída apresentando os limites de advertência, a partir da Equação (3.49), como no Exercício Resolvido 5.1.

### 5.2.2 Gráfico de controle $p$ com tamanho médio de amostra

Durante a construção do gráfico de controle $p$ com tamanho variável de amostras $n_j$, uma alternativa é utilizar o tamanho médio amostral $\bar{n}$. Se $m$ amostras são analisadas, cada uma com tamanho $n_j$, então a linha central e os limites de controle $k$ sigma do gráfico $p$ são dados por

$$LSC = \bar{p} + k\sqrt{\frac{\bar{p}(1-\bar{p})}{\bar{n}}}$$
$$LC = \bar{p} \qquad (5.8)$$
$$LIC = \bar{p} - k\sqrt{\frac{\bar{p}(1-\bar{p})}{\bar{n}}},$$

onde $\bar{p}$ é definido pala Equação (5.4) e

$$\bar{n} = \frac{1}{m}\sum_{j=1}^{m} n_j. \qquad (5.9)$$

Uma informação importante é que, quando o resultado numérico do $LIC$ apresentar valor negativo, deve-se adotar para este o valor zero, ou seja, $LIC = 0$.

**Exercício resolvido 5.3** Para exemplificar a construção do gráfico de controle $p$ com tamanho médio de amostra, considere o conjunto de dados apresentado na Tabela 5.2, que mostra a quantidade de unidades não conformes em 30 amostras de tamanho variável $n_j$ do processo produtivo de ovos de galinhas.

Os valores de $\hat{p}_j$ apresentados na Tabela 5.2 com $\bar{p} = 0,0970$, são encontrados como no Exercício Resolvido 5.2. O tamanho médio amostral é

$$\bar{n} = \frac{1}{m}\sum_{j=1}^{m} n_j = \frac{1}{30} \times 2.702 = 90,0667.$$

Então, fixando $k = 3$, os limites de controle superior e inferior são, respectivamente,

$$LSC = \bar{p} + k\sqrt{\frac{\bar{p}(1-\bar{p})}{\bar{n}}} = 0,0970 + 3 \times \sqrt{\frac{0,0970(1-0,0970)}{90,066\,7}} = 0,1906$$

e

$$LIC = \bar{p} - k\sqrt{\frac{\bar{p}(1-\bar{p})}{\bar{n}}} = 0{,}0970 - 3 \times \sqrt{\frac{0{,}0970(1-0{,}0970)}{90{,}0667}} = 0{,}0034.$$

A linha central é

$$LC = \bar{p} = 0{,}0970.$$

A Figura 5.3 apresenta o gráfico de controle $p$ com tamanho médio amostral $\bar{n}$ para o Exercício Resolvido 5.3.

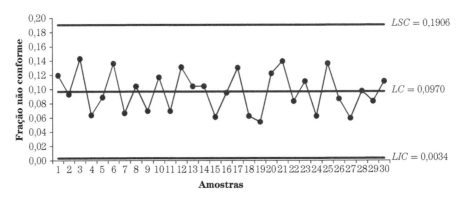

**Figura 5.3** Gráfico de controle $p$ com tamanho médio amostral para o processo produtivo de ovos de galinhas.

A Figura 5.3 pode ser construída apresentando os limites de advertência, a partir da Equação (3.49), como no Exercício Resolvido 5.1.

### 5.2.3 Gráfico de controle padronizado $p$

Uma excelente alternativa quando o tamanho amostral é variável é utilizar o gráfico de controle padronizado $p$. Nele, os pontos plotados são em unidades de desvio padrão. Ele é recomendado quando o tamanho amostral é muito variável.

A linha central é igual a zero, e os limites de controle (superior e inferior) são $+3$ e $-3$, respectivamente. Consequentemente, os limites de advertência (superior e inferior) são $+1{,}5$ e $-1{,}5$, respectivamente. Se $m$ amostras são analisadas, cada uma com tamanho $n_j$, então a variável padronizada $Z_j$ é obtida a partir de

$$Z_j = \frac{\hat{p}_j - \bar{p}}{\sqrt{\dfrac{\bar{p}(1-\bar{p})}{n_j}}}, \qquad (5.10)$$

onde $\hat{p}_j$ é dado pela Equação (5.1) e $\bar{p}$ é dado pela Equação (5.4).

**Exercício resolvido 5.4** Para exemplificar a construção do gráfico de controle padronizado $p$, considere o conjunto de dados apresentado na Tabela 5.3, que mostra a quantidade de unidades não conformes em 30 amostras de tamanho variável $n_j$ do processo produtivo de ovos de galinhas.

Para exemplificar, o valor de $Z_j$ para a primeira amostra é

$$Z_1 = \frac{\hat{p}_1 - \bar{p}}{\sqrt{\dfrac{\bar{p}(1-\bar{p})}{n_1}}} = \frac{0{,}1196 - 0{,}0970}{\sqrt{\dfrac{0{,}0970(1-0{,}0970)}{92}}} = 0{,}7324,$$

onde o valor de $\bar{p} = 0{,}0970$ é estimado pela Equação (5.4), como no Exercício Resolvido 5.2.

**Tabela 5.3** Número de itens não conformes e frações não conformes estimadas de um processo produtivo de ovos de galinhas, com tamanho de subgrupos amostrais $n_j$ variável

| Amostra (j) | $n_j$ | $d_j$ | $\hat{p}_j$ | $Z_j$ | Amostra (j) | $n_j$ | $d_j$ | $\hat{p}_j$ | $Z_j$ |
|---|---|---|---|---|---|---|---|---|---|
| 1 | 92 | 11 | 0,1196 | 0,7324 | 16 | 84 | 8 | 0,0952 | −0,0557 |
| 2 | 86 | 8 | 0,0930 | −0,1253 | 17 | 92 | 12 | 0,1304 | 1,0825 |
| 3 | 84 | 12 | 0,1429 | 1,4214 | 18 | 96 | 6 | 0,0625 | −1,1422 |
| 4 | 94 | 6 | 0,0638 | −1,0876 | 19 | 92 | 5 | 0,0543 | −1,3839 |
| 5 | 90 | 8 | 0,0889 | −0,2596 | 20 | 90 | 11 | 0,1222 | 0,8078 |
| 6 | 88 | 12 | 0,1364 | 1,2488 | 21 | 86 | 12 | 0,1395 | 1,3317 |
| 7 | 90 | 6 | 0,0667 | −0,9713 | 22 | 84 | 7 | 0,0833 | −0,4243 |
| 8 | 96 | 10 | 0,1042 | 0,2384 | 23 | 90 | 10 | 0,1111 | 0,4520 |
| 9 | 86 | 6 | 0,0698 | −0,8523 | 24 | 96 | 6 | 0,0625 | −1,1422 |
| 10 | 94 | 11 | 0,1170 | 0,6552 | 25 | 88 | 12 | 0,1364 | 1,2488 |
| 11 | 86 | 6 | 0,0698 | −0,8523 | 26 | 92 | 8 | 0,0870 | −0,3241 |
| 12 | 84 | 11 | 0,1310 | 1,0529 | 27 | 84 | 5 | 0,0595 | −1,1613 |
| 13 | 96 | 10 | 0,1042 | 0,2384 | 28 | 92 | 9 | 0,0978 | 0,0259 |
| 14 | 86 | 9 | 0,1047 | 0,2413 | 29 | 96 | 8 | 0,0833 | −0,4536 |
| 15 | 98 | 6 | 0,0612 | −1,1975 | 30 | 90 | 10 | 0,1111 | 0,4520 |

**Nota:** Os valores de $\hat{p}_j$ e $Z_j$ para cada amostra foram obtidos a partir das Equações (5.1) e (5.10), respectivamente.

A Figura 5.4 apresenta o gráfico de controle padronizado $p$ para o Exercício Resolvido 5.4.

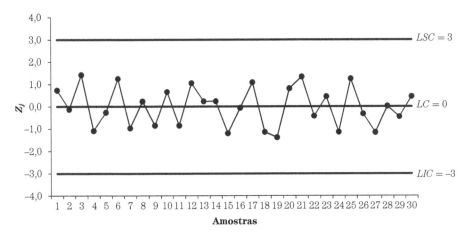

**Figura 5.4** Gráfico de controle padronizado $p$ para o processo produtivo de ovos de galinhas, com tamanho de subgrupos amostrais $n_j$ variável.

## 5.3 Gráfico de controle para o número de itens não conformes ou gráfico $np$ para subgrupos fixos

A Equação (5.2) mostra como estimar o número de itens não conformes ($\hat{d}_j$), que é o produto entre a fração não conforme ($p_j$) e o número de itens da amostra ($n$). Se $m$ amostras são analisadas, cada uma com tamanho $n$, então a linha central e os limites de controle $k$ sigma do gráfico $np$, são dados por

$$\begin{aligned} LSC &= n\bar{p} + k\sqrt{n\bar{p}(1-\bar{p})} \\ LC &= n\bar{p} \\ LIC &= n\bar{p} - k\sqrt{n\bar{p}(1-\bar{p})}, \end{aligned} \quad (5.11)$$

onde $\bar{p}$ é definido pela Equação (5.4).

Uma informação importante é que, quando o resultado numérico do $LIC$ apresentar valor negativo, deve-se adotar para este o valor zero, ou seja, $LIC = 0$.

**Exercício resolvido 5.5** Para exemplificar a construção do gráfico de controle $np$, considere o conjunto de dados apresentado na Tabela 5.4, que mostra as frações não conformes em 30 amostras de tamanho 100 do processo produtivo de ovos de galinhas.

Para exemplificar, o número de itens não conformes para a primeira amostra é

$$\hat{d}_1 = 100 \times 0,1100 = 11.$$

Então, fixando $k = 3$, os limites de controle superior e inferior são, respectivamente,

$$LSC = n\bar{p} + k\sqrt{n\bar{p}(1-\bar{p})} = 100 \times 0,0870 + 3 \times \sqrt{100 \times 0,0870 \times (1 - 0,0870)}$$
$$= 17,1551$$

e

$$LIC = n\bar{p} - k\sqrt{n\bar{p}(1-\bar{p})} = 100 \times 0,0870 - 3 \times \sqrt{100 \times 0,0870 \times (1 - 0,0870)}$$
$$= 0,2449,$$

onde $\bar{p} = 0,0870$ foi estimado pela Equação (5.4), como no Exercício Resolvido 5.1, e a linha central é

$$LC = n\bar{p} = 100 \times 0,0870 = 8,7000.$$

**Tabela 5.4** Frações não conformes e número de itens não conformes estimados de um processo produtivo de ovos de galinhas

| Amostra ($j$) | $p_j$ | $\hat{d}_j$ | Amostra ($j$) | $p_j$ | $\hat{d}_j$ |
|---|---|---|---|---|---|
| 1 | 0,1100 | 11 | 16 | 0,0800 | 8 |
| 2 | 0,0800 | 8 | 17 | 0,1200 | 12 |
| 3 | 0,1200 | 12 | 18 | 0,0600 | 6 |
| 4 | 0,0600 | 6 | 19 | 0,0500 | 5 |
| 5 | 0,0800 | 8 | 20 | 0,1100 | 11 |
| 6 | 0,1200 | 12 | 21 | 0,1200 | 12 |
| 7 | 0,0600 | 6 | 22 | 0,0700 | 7 |
| 8 | 0,1000 | 10 | 23 | 0,1000 | 10 |
| 9 | 0,0600 | 6 | 24 | 0,0600 | 6 |
| 10 | 0,1100 | 11 | 25 | 0,1200 | 12 |
| 11 | 0,0600 | 6 | 26 | 0,0800 | 8 |
| 12 | 0,1100 | 11 | 27 | 0,0500 | 5 |
| 13 | 0,1000 | 10 | 28 | 0,0900 | 9 |
| 14 | 0,0900 | 9 | 29 | 0,0800 | 8 |
| 15 | 0,0600 | 6 | 30 | 0,1000 | 10 |

**Nota:** Os valores de $\hat{d}_j$ para cada amostra são estimados pela Equação (5.2).

A Figura 5.5 apresenta o gráfico de controle $np$ para o Exercício Resolvido 5.5.

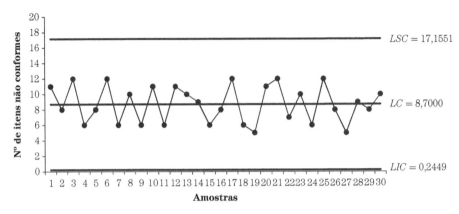

**Figura 5.5** Gráfico de controle $np$ para o processo produtivo de ovos de galinhas.

A Figura 5.5 pode ser construída apresentando os limites de advertência, a partir da Equação (3.49), como no Exercício Resolvido 5.1.

## 5.4 Gráfico de controle $np$ para tamanho de subgrupos variáveis

### 5.4.1 Gráfico de controle $np$ com tamanho variável de amostra

Durante a construção do gráfico de controle $np$ o tamanho amostral $n$ pode ser variável; neste caso, $n_j, j = 1, 2, \ldots, m$. Se $m$ amostras são analisadas, cada uma com tamanho $n_j$, então a linha central e os limites de controle $k$ sigma do gráfico $np$ são dados por

$$\begin{aligned} LSC_j &= n_j \bar{p} + k\sqrt{n_j \bar{p}(1-\bar{p})} \\ LC_j &= n_j \bar{p} \\ LIC_j &= n_j \bar{p} - k\sqrt{n_j \bar{p}(1-\bar{p})}, \end{aligned} \qquad (5.12)$$

onde $\bar{p}$ é definido pela Equação (5.4). Uma informação importante é que, quando o resultado numérico do $LIC$ apresentar valor negativo, deve-se adotar para este o valor zero, ou seja, $LIC = 0$.

**Exercício resolvido 5.6** Para exemplificar a construção do gráfico de controle $np$ com tamanho variável de amostra, considere o conjunto de dados apresentado na Tabela 5.5, que mostra as frações não conformes em 30 amostras de tamanho variável $n_j$ do processo produtivo de ovos de galinhas.

Para exemplificar, o número de itens não conformes para a primeira amostra é

$$\hat{d}_j = 92 \times 0,1196 = 11,0032.$$

Então, fixando $k = 3$, os limites de controle superior e inferior para a primeira amostra são, respectivamente,

$$LSC_1 = n_j \bar{p} + k \sqrt{n_j \bar{p} (1 - \bar{p})}$$
$$= 92 \times 0,0970 + 3 \times \sqrt{92 \times 0,0970 \times (1 - 0,0970)} = 17,4402$$

**Tabela 5.5** Frações não conformes e número de itens não conformes estimados de um processo produtivo de ovos de galinhas, com tamanho de subgrupos amostrais $n_j$ variável

| Amostra (j) | $p_j$ | $n_j$ | $\hat{d}_j$ | Amostra (j) | $p_j$ | $n_j$ | $\hat{d}_j$ |
|---|---|---|---|---|---|---|---|
| 1 | 0,1196 | 92 | 11,0032 | 16 | 0,0952 | 84 | 7,9968 |
| 2 | 0,0930 | 86 | 7,9980 | 17 | 0,1304 | 92 | 11,9968 |
| 3 | 0,1429 | 84 | 12,0036 | 18 | 0,0625 | 96 | 6,0000 |
| 4 | 0,0638 | 94 | 5,9972 | 19 | 0,0543 | 92 | 4,9956 |
| 5 | 0,0889 | 90 | 8,0010 | 20 | 0,1222 | 90 | 10,9980 |
| 6 | 0,1364 | 88 | 12,0032 | 21 | 0,1395 | 86 | 11,9970 |
| 7 | 0,0667 | 90 | 6,0030 | 22 | 0,0833 | 84 | 6,9972 |
| 8 | 0,1042 | 96 | 10,0032 | 23 | 0,1111 | 90 | 9,9990 |
| 9 | 0,0698 | 86 | 6,0028 | 24 | 0,0625 | 96 | 6,0000 |
| 10 | 0,1170 | 94 | 10,9980 | 25 | 0,1364 | 88 | 12,0032 |
| 11 | 0,0698 | 86 | 6,0028 | 26 | 0,0870 | 92 | 8,0040 |
| 12 | 0,1310 | 84 | 11,0040 | 27 | 0,0595 | 84 | 4,9980 |
| 13 | 0,1042 | 96 | 10,0032 | 28 | 0,0978 | 92 | 8,9976 |
| 14 | 0,1047 | 86 | 9,0042 | 29 | 0,0833 | 96 | 7,9968 |
| 15 | 0,0612 | 98 | 5,9976 | 30 | 0,1111 | 90 | 9,9990 |

**Nota:** Os valores de $\hat{d}_j$ para cada amostra são estimados pela Equações (5.6).

e

$$LIC_1 = n_j \bar{p} - k\sqrt{n_j \bar{p}(1-\bar{p})}$$
$$= 92 \times 0,0970 - 3 \times \sqrt{92 \times 0,0970 \times (1 - 0,0970)} = 0,4078,$$

onde $\bar{p}$ é estimado pela Equação (5.4), e a linha central para a primeira amostra é

$$LC_1 = 92 \times 0,0970 = 8,9240.$$

A Figura 5.6 apresenta o gráfico de controle $np$ com tamanho variável de amostra para o Exercício Resolvido 5.6.

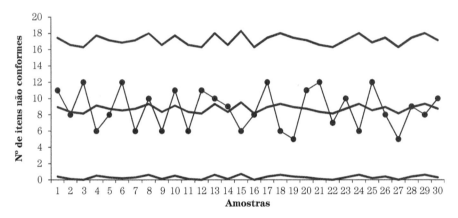

**Figura 5.6** Gráfico de controle np com tamanho variável de amostra, para o processo produtivo de ovos de galinhas.

A Figura 5.6 pode ser construída apresentando os limites de advertência, a partir da Equação (3.49), como no Exercício Resolvido 5.1.

### 5.4.2 Gráficos de controle $np$ com tamanho médio de amostra

Durante a construção do gráfico de controle $np$ com tamanho variável de amostras $n_j$, uma alternativa é utilizar o tamanho médio amostral $\bar{n}$. Se $m$

amostras são analisadas, cada uma com tamanho $n_j$, então a linha central e os limites de controle $k$ sigma do gráfico $np$ são dados por

$$LSC = \bar{n}\bar{p} + k\sqrt{\bar{n}\bar{p}(1-\bar{p})}$$
$$LC = \bar{n}\bar{p} \qquad (5.13)$$
$$LIC = \bar{n}\bar{p} - k\sqrt{\bar{n}\bar{p}(1-\bar{p})},$$

onde $\bar{p}$ e $\bar{n}$ são definidos pelas Equações (5.4) e (5.9), respectivamente. Uma informação importante é que, quando o resultado numérico do $LIC$ apresentar valor negativo, deve-se adotar para este o valor zero, ou seja, $LIC = 0$.

**Exercício resolvido 5.7** Para exemplificar a construção do gráfico de controle $np$ com tamanho médio de amostra, considere o conjunto de dados apresentado na Tabela 5.5, que mostra as frações não conformes em 30 amostras de tamanho variável $n_j$ do processo produtivo de ovos de galinhas.

Os valores de $\bar{p} = 0,0970$ e $\bar{n} = 90,0667$ são encontrados como nos Exercícios Resolvidos 5.2 e 5.3, respectivamente.

Então, fixando $k = 3$, os limites de controle superior e inferior são, respectivamente,

$$\begin{aligned} LSC &= \bar{n}\bar{p} + k\sqrt{\bar{n}\bar{p}(1-\bar{p})} \\ &= 90,0667 \times 0,0970 + 3 \times \sqrt{90,0667 \times 0,0970 \times (1-0,0970)} \\ &= 17,1626 \end{aligned}$$

e

$$\begin{aligned} LIC &= \bar{n}\bar{p} + k\sqrt{\bar{n}\bar{p}(1-\bar{p})} \\ &= 90,0667 \times 0,0970 - 3 \times \sqrt{90,0667 \times 0,0970 \times (1-0,0970)} \\ &= 0,3104. \end{aligned}$$

A linha central é

$$LC = 90,0667 \times 0,0970 = 8,7365.$$

A Figura 5.7 apresenta o gráfico de controle $np$ com tamanho médio de amostra $\bar{n}$ para o Exercício Resolvido 5.7.

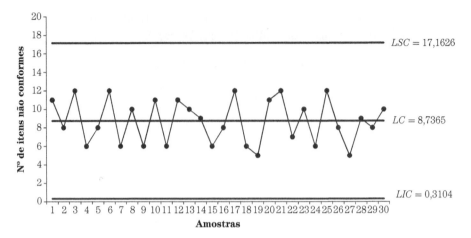

**Figura 5.7** Gráfico de controle $np$ com tamanho variável de amostra para o processo produtivo de ovos de galinhas.

A Figura 5.7 pode ser construída apresentando os limites de advertência, a partir da Equação (3.49), como no Exercício Resolvido 5.1.

## 5.5 Gráfico para número de defeitos ou gráfico $c$

Quando o interesse é monitorar e controlar a quantidade de não conformidades (ou defeitos) em vez da quantidade de itens não conformes, uma alternativa é utilizar o gráfico de controle para o número de defeitos ou gráfico $c$.

Se $m$ amostras são analisadas, cada uma com tamanho $n$, então a linha central e os limites de controle $k$ sigma do gráfico $c$ são dados por

$$LSC = \bar{c} + k\sqrt{\bar{c}}$$
$$LC = \bar{c} \quad (5.14)$$
$$LIC = \bar{c} - k\sqrt{\bar{c}},$$

onde

$$\bar{c} = \frac{1}{m}\sum_{j=1}^{m} c_j, \quad (5.15)$$

$c_j$ é a quantidade de não conformidades da $j$-ésima amostra e $k$ usualmente assume o valor 3. Uma informação importante é que, quando o resultado numérico do *LIC* apresentar valor negativo, deve-se adotar para este o valor zero, ou seja, $LIC = 0$.

**Exercício resolvido 5.8** Para exemplificar a construção do gráfico de controle $c$, considere o conjunto de dados apresentado na Tabela 5.6, que mostra a quantidade de não conformidades em 26 amostras de tamanho 200 do processo de fabricação de copos de cristal.

A média das $m$ não conformidades ($c_j$), obtida a partir da Equação (5.15), é

$$\bar{c} = \frac{1}{m}\sum_{j=1}^{m} c_j = \frac{1}{26} \times 273 = 10{,}5000.$$

Então, fixando $k = 3$, os limites de controle superior e inferior são, respectivamente,

$$LSC = \bar{c} + k\sqrt{\bar{c}} = 10{,}5000 + 3 \times \sqrt{10{,}5000} = 20{,}2211$$

e

$$LIC = \bar{c} - k\sqrt{\bar{c}} = 10{,}5000 - 3 \times \sqrt{10{,}5000} = 0{,}7789.$$

A linha central é

$$LC = \bar{u} = 10{,}5000.$$

**Tabela 5.6** Número de não conformidades de um processo de fabricação de copos de cristal

| Amostra ($j$) | N° de não conformidades ($c_j$) | Amostra ($j$) | N° de não conformidades ($c_j$) |
|---|---|---|---|
| 1 | 8 | 14 | 15 |
| 2 | 15 | 15 | 6 |
| 3 | 17 | 16 | 14 |
| 4 | 12 | 17 | 9 |
| 5 | 6 | 18 | 15 |
| 6 | 5 | 19 | 8 |
| 7 | 18 | 20 | 7 |
| 8 | 4 | 21 | 18 |
| 9 | 7 | 22 | 6 |
| 10 | 6 | 23 | 8 |
| 11 | 18 | 24 | 12 |
| 12 | 16 | 25 | 5 |
| 13 | 6 | 26 | 12 |

A Figura 5.8 apresenta o gráfico de controle $c$ para o Exercício Resolvido 5.8.

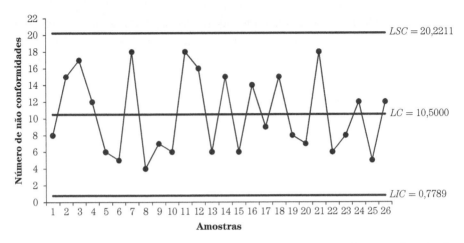

**Figura 5.8** Gráfico de controle $c$ para o processo de fabricação de copos de cristal.

A Figura 5.8 pode ser construída apresentando os limites de advertência, a partir da Equação (3.49), como no Exercício Resolvido 5.1.

## 5.6 Gráfico de controle para o número médio de defeitos por unidade ou gráfico $u$ para subgrupos fixos

O número médio de não conformidade $(u_j)$ é a razão entre o número de não conformidades $(c_j)$ de uma amostra e o total de itens da amostra $(n)$, isto é,

$$\hat{u}_j = \frac{c_j}{n}, \qquad j = 1, \ldots, m. \tag{5.16}$$

Se $m$ amostras são analisadas, cada uma de tamanho $n$ fixo, e $c_j$ é o número de não conformidades da $j$-ésima amostra, a linha central e os limites de controle $k$ sigma do gráfico $u$ são dados por

$$\begin{aligned} LSC &= \bar{u} + k\sqrt{\frac{\bar{u}}{n}} \\ LC &= \bar{u} \\ LIC &= \bar{u} - k\sqrt{\frac{\bar{u}}{n}}, \end{aligned} \tag{5.17}$$

**Capítulo 5** Gráficos de Controle para Atributos    93

onde

$$\bar{u} = \frac{1}{m}\sum_{j=1}^{m} u_j \qquad (5.18)$$

é a média do número médio de não conformidades e $k$ usualmente assume o valor 3. Uma informação importante é que, quando o resultado numérico do LIC apresentar valor negativo, deve-se adotar para este o valor zero, ou seja, $LIC = 0$.

**Exercício resolvido 5.9** Para exemplificar a construção do gráfico de controle $u$, considere o conjunto de dados apresentado na Tabela 5.7, que mostra a quantidade de não conformidades em 26 amostras de tamanho 200 do processo de fabricação de copos de cristal.

Para exemplificar, o número médio de não conformidades para a primeira amostra é

$$\hat{u}_1 = \frac{c_1}{n} = \frac{8}{200} = 0,0400.$$

**Tabela 5.7** Número de não conformidades e número médio de defeitos por unidade estimados de um processo de fabricação de copos de cristal

| Amostra ($j$) | N° de não conformidades ($c_j$) | $\hat{u}_j$ | Amostra ($j$) | N° de não conformidades ($c_j$) | $n_j$ |
|---|---|---|---|---|---|
| 1 | 8 | 0,0400 | 14 | 15 | 0,0750 |
| 2 | 15 | 0,0750 | 15 | 6 | 0,0300 |
| 3 | 17 | 0,0850 | 16 | 14 | 0,0700 |
| 4 | 12 | 0,0600 | 17 | 9 | 0,0450 |
| 5 | 6 | 0,0300 | 18 | 15 | 0,0750 |
| 6 | 5 | 0,0250 | 19 | 8 | 0,0400 |
| 7 | 18 | 0,0900 | 20 | 7 | 0,0350 |
| 8 | 4 | 0,0200 | 21 | 18 | 0,0900 |
| 9 | 7 | 0,0350 | 22 | 6 | 0,0300 |
| 10 | 6 | 0,0300 | 23 | 8 | 0,0400 |
| 11 | 18 | 0,0900 | 24 | 12 | 0,0600 |
| 12 | 16 | 0,0800 | 25 | 5 | 0,0250 |
| 13 | 6 | 0,0300 | 26 | 12 | 0,0600 |

**Nota:** Os valores de $\hat{u}_j$ apresentados para cada amostra foram estimados a partir da Equação (5.16).

A média dos $m$ números médios de defeitos por unidade ($u_j$), obtida a partir da Equação (5.18), é

$$\bar{u} = \frac{1}{m}\sum_{j=1}^{m} u_j = \frac{1}{26} \times 1{,}3650 = 0{,}0525.$$

Então, fixando $k = 3$, os limites de controle superior e inferior são, respectivamente,

$$LSC = \bar{u} + k\sqrt{\frac{\bar{u}}{n}} = 0{,}0525 + 3 \times \sqrt{\frac{0{,}0525}{200}} = 0{,}1011$$

e

$$LIC = \bar{u} - k\sqrt{\frac{\bar{u}}{n}} = 0{,}0525 - 3 \times \sqrt{\frac{0{,}0525}{200}} = 0{,}0039.$$

A linha central é

$$LC = \bar{u} = 0{,}0525.$$

A Figura 5.9 apresenta o gráfico de controle $u$ para o Exercício Resolvido 5.9.

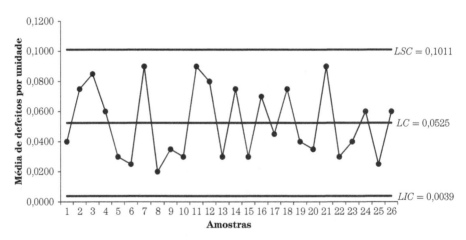

**Figura 5.9** Gráfico de controle $u$ para o processo de fabricação de copos de cristal.

A Figura 5.9 pode ser construída apresentando os limites de advertência, a partir da Equação (3.49), como no Exercício Resolvido 5.1.

## 5.7 Gráfico de controle $u$ com tamanho de subgrupos variáveis

### 5.7.1 Gráfico de controle $u$ com tamanho variável de amostra

Durante a construção do gráfico de controle $u$, o tamanho amostral $n$ pode ser variável; neste caso, $n_j$, $j = 1, 2, \ldots, m$. Então o número médio estimado de não conformidades é dado por

$$\hat{u}_j = \frac{c_j}{n_j}, \quad j = 1, \ldots, m. \quad (5.19)$$

Se $m$ amostras são analisadas, cada uma com tamanho $n_j$, então a linha central e os limites de controle $k$ sigma do gráfico $u$ são dados por

$$\begin{aligned} LSC_j &= \bar{u} + k\sqrt{\frac{\bar{u}}{n_j}} \\ LC &= \bar{u} \\ LIC_j &= \bar{u} - k\sqrt{\frac{\bar{u}}{n_j}}, \end{aligned} \quad (5.20)$$

onde $\bar{u}$ é definido pela Equação (5.18). Uma informação importante é que, quando o resultado numérico do $LIC$ apresentar valor negativo, deve-se adotar para este o valor zero, ou seja, $LIC = 0$.

**Exercício resolvido 5.10** Para exemplificar a construção do gráfico de controle $u$ com tamanho variável de amostra, considere o conjunto de dados apresentado na Tabela 5.8, que mostra a quantidade de não conformidades em 26 amostras de tamanho variável $n_j$ do processo de fabricação de copos de cristal.

Para exemplificar, o número médio de defeitos por unidade para a primeira amostra é

$$\hat{u}_1 = \frac{c_1}{n_1} = \frac{8}{196} = 0{,}0408.$$

A média dos $m$ números médios de defeitos por unidade ($u_j$), obtida a partir da Equação (5.18), é

$$\bar{u} = \frac{1}{m}\sum_{j=1}^{m} u_j = \frac{1}{26} \times 1{,}4311 = 0{,}0550.$$

**Tabela 5.8** Número médio de defeitos por unidade e número médio de não conformidades estimados de um processo de fabricação de copos de cristal, com tamanho de subgrupos amostrais $n_j$ variável

| Amostra ($j$) | Nº de não conformidades ($c_j$) | $n_j$ | $\hat{u}_j$ | Amostra ($j$) | Nº de não conformidades ($c_j$) | $n_j$ | $\hat{u}_j$ |
|---|---|---|---|---|---|---|---|
| 1 | 8 | 196 | 0,0408 | 14 | 15 | 200 | 0,0750 |
| 2 | 15 | 200 | 0,0750 | 15 | 6 | 196 | 0,0306 |
| 3 | 17 | 186 | 0,0914 | 16 | 14 | 192 | 0,0729 |
| 4 | 12 | 192 | 0,0625 | 17 | 9 | 198 | 0,0455 |
| 5 | 6 | 190 | 0,0316 | 18 | 15 | 200 | 0,0750 |
| 6 | 5 | 186 | 0,0269 | 19 | 8 | 180 | 0,0444 |
| 7 | 18 | 186 | 0,0968 | 20 | 7 | 200 | 0,0350 |
| 8 | 4 | 196 | 0,0204 | 21 | 18 | 180 | 0,1000 |
| 9 | 7 | 200 | 0,0350 | 22 | 6 | 192 | 0,0313 |
| 10 | 6 | 186 | 0,0323 | 23 | 8 | 196 | 0,0408 |
| 11 | 18 | 180 | 0,1000 | 24 | 12 | 180 | 0,0667 |
| 12 | 16 | 194 | 0,0825 | 25 | 5 | 196 | 0,0255 |
| 13 | 6 | 200 | 0,0300 | 26 | 12 | 190 | 0,0632 |

**Nota:** Os valores de $\hat{u}_j$ para cada amostra foram estimados a partir da Equação (5.19).

Então, fixando $k = 3$, os limites de controle superior e inferior para a primeira amostra são, respectivamente,

$$LSC_1 = \bar{u} + k\sqrt{\frac{\bar{u}}{n_1}} = 0,0550 + 3 \times \sqrt{\frac{0,0550}{196}} = 0,1053$$

e

$$LIC_1 = \bar{u} - k\sqrt{\frac{\bar{u}}{n_1}} = 0,0550 - 3 \times \sqrt{\frac{0,0550}{196}} = 0,0048.$$

A linha central é

$$LC = \bar{u} = 0,0550.$$

A Figura 5.10 apresenta o gráfico de controle $u$ com tamanho variável de amostra para o Exercício Resolvido 5.10.

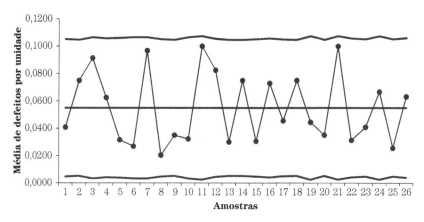

**Figura 5.10** Gráfico de controle $u$ com tamanho variável de amostra para o processo de fabricação de copos de cristal.

A Figura 5.10 pode ser construída apresentando os limites de advertência, a partir da Equação (3.49), como no Exercício Resolvido 5.1.

## 5.7.2 Gráfico de controle $u$ com tamanho médio de amostra

Durante a construção do gráfico de controle $u$ com tamanho variável de amostras $n_j$, uma alternativa é utilizar o tamanho médio amostral $\bar{n}$. Se $m$ amostras são analisadas, cada uma com tamanho $n_j$, então a linha central e os limites de controle $k$ sigma do gráfico $u$, são dados por

$$\begin{aligned} LSC &= \bar{u} + k\sqrt{\frac{\bar{u}}{\bar{n}}} \\ LC &= \bar{u} \\ LIC &= \bar{u} - k\sqrt{\frac{\bar{u}}{\bar{n}}}, \end{aligned} \qquad (5.21)$$

onde $\bar{n}$ e $\bar{u}$ são dados pelas Equações (5.9) e (5.18), respectivamente. Uma informação importante é que, quando o resultado numérico do $LIC$ apresentar valor negativo, deve-se adotar para este o valor zero, ou seja, $LIC = 0$.

**Exercício resolvido 5.11** Para exemplificar a construção do gráfico de controle $u$ com tamanho médio de amostra, considere o conjunto de dados apresentado, na Tabela 5.8, que mostra a quantidade de não conformidades em 26 amostras de tamanho variável $n_j$ do processo de fabricação de copos de cristal.

O tamanho médio amostral é

$$\bar{n} = \frac{1}{m}\sum_{j=1}^{m} n_j = \frac{1}{26} \times 4.994 = 192.$$

Então, fixando $k = 3$, os limites de controle superior e inferior são, respectivamente,

$$LSC = \bar{u} + k\sqrt{\frac{\bar{u}}{\bar{n}}} = 0,0550 + 3 \times \sqrt{\frac{0,0550}{192}} = 0,1058$$

e

$$LIC = \bar{u} - k\sqrt{\frac{\bar{u}}{\bar{n}}} = 0,0550 - 3 \times \sqrt{\frac{0,0550}{192}} = 0,0042,$$

onde $\bar{u} = 0,0550$ foi encontrado como no Exercício Resolvido 5.10 e a linha central é

$$LC = \bar{u} = 0,0550.$$

A Figura 5.11 apresenta o gráfico de controle $u$ com tamanho médio amostral $\bar{n}$ para o Exercício Resolvido 5.11.

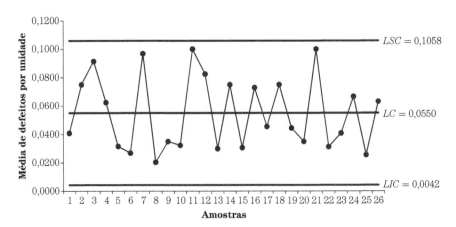

**Figura 5.11** Gráfico de controle $u$ com tamanho médio amostral para o processo de fabricação de copos de cristal.

A Figura 5.11 pode ser construída apresentando os limites de advertência, a partir da Equação (3.49), como no Exercício Resolvido 5.1.

### 5.7.3 Gráfico de controle padronizado $u$

Uma excelente alternativa quando o tamanho amostral é muito variável é utilizar o gráfico de controle padronizado $u$. Nele, os pontos plotados são em unidades de desvio padrão.

A linha central é igual a zero, e os limites de controle (superior e inferior) são $+3$ e $-3$, respectivamente. Consequentemente, os limites de advertência (superior e inferior) são $+1,5$ e $-1,5$, respectivamente. Se $m$ amostras são analisadas, cada uma com tamanho $n_j$, então a variável padronizada $Z_j$ é obtida a partir de

$$\hat{Z}_j = \frac{\hat{u}_j - \bar{u}}{\sqrt{\dfrac{\bar{u}}{n_j}}}, \qquad (5.22)$$

**Tabela 5.9** Número de não conformidades, número médio de defeitos por unidade e valores estimados de $\hat{Z}_j$ de um processo de fabricação de copos de cristal, com tamanho de subgrupos amostrais $n_j$ variável

| Amostra (j) | $c_j$ | $n_j$ | $\hat{u}_j$ | $\hat{Z}_j$ | Amostra (j) | $c_j$ | $n_j$ | $\hat{u}_j$ | $\hat{Z}_j$ |
|---|---|---|---|---|---|---|---|---|---|
| 1 | 8 | 196 | 0,0408 | −0,8477 | 14 | 15 | 200 | 0,0750 | 1,2060 |
| 2 | 15 | 200 | 0,0750 | 1,2060 | 15 | 6 | 196 | 0,0306 | −1,4566 |
| 3 | 17 | 186 | 0,0914 | 2,1168 | 16 | 14 | 192 | 0,0729 | 1,0576 |
| 4 | 12 | 192 | 0,0625 | 0,4431 | 17 | 9 | 198 | 0,0455 | −0,5700 |
| 5 | 6 | 190 | 0,0316 | −1,3753 | 18 | 15 | 200 | 0,0750 | 1,2060 |
| 6 | 5 | 186 | 0,0269 | −1,6341 | 19 | 8 | 180 | 0,0444 | −0,6064 |
| 7 | 18 | 186 | 0,0968 | 2,4308 | 20 | 7 | 200 | 0,0350 | −1,2060 |
| 8 | 4 | 196 | 0,0204 | −2,0655 | 21 | 18 | 180 | 0,1000 | 2,5743 |
| 9 | 7 | 200 | 0,0350 | −1,2060 | 22 | 6 | 192 | 0,0313 | −1,4003 |
| 10 | 6 | 186 | 0,0323 | −1,3201 | 23 | 8 | 196 | 0,0408 | −0,8477 |
| 11 | 18 | 180 | 0,1000 | 2,5743 | 24 | 12 | 180 | 0,0667 | 0,6693 |
| 12 | 16 | 194 | 0,0825 | 1,6332 | 25 | 5 | 196 | 0,0255 | −1,7610 |
| 13 | 6 | 200 | 0,0300 | −1,5076 | 26 | 12 | 190 | 0,0632 | 0,4820 |

**Nota:** Os valores de $\hat{u}_j$ e $\hat{Z}_j$ para cada amostra são calculados pelas Equações (5.19) e (5.22), respectivamente.

onde $\hat{u}_j$ e $\bar{u}$ são definidos pelas Equações (5.19) e (5.18), respectivamente, e $n_j$ é o tamanho do subgrupo amostral da $j$-ésima amostra.

**Exercício resolvido 5.12** Para exemplificar a construção do gráfico de controle padronizado $u$, considere o conjunto de dados apresentado na Tabela 5.9, que mostra a quantidade de não conformidades em 26 amostras de tamanho variável $n_j$ do processo de fabricação de copos de cristal.

Para exemplificar, o valor de $\hat{Z}_j$ para a primeira amostra é

$$\hat{Z}_1 = \frac{\hat{u}_1 - \bar{u}}{\sqrt{\dfrac{\bar{u}}{n_1}}} = \frac{0{,}0408 - 0{,}0550}{\sqrt{\dfrac{0{,}0550}{196}}} = -0{,}8477,$$

onde $\bar{u} = 0{,}0550$ foi calculado conforme o Exercício Resolvido 5.10.

A Figura 5.12 apresenta o gráfico de controle padronizado $u$ para o Exercício Resolvido 5.12, mostrado na Tabela 5.9.

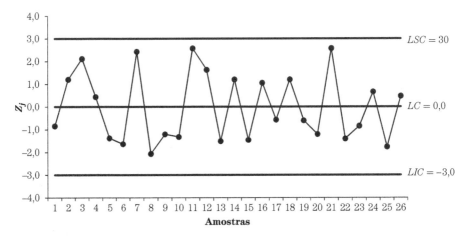

**Figura 5.12** Gráfico de controle padronizado $u$ com tamanho amostral $n_j$ variável, para o processo de fabricação de copos de cristal.

## 5.8 Exercícios

1. Construa o gráfico de controle para a fração não conforme $p$, utilizando os dados da Tabela C.3 do Anexo C.

2. Construa o gráfico de controle com os limites de advertência para a fração não conforme $p$, utilizando os dados da Tabela C.3 do Anexo C.
3. Construa o gráfico de controle para a fração não conforme $np$, utilizando os dados da Tabela C.3 do Anexo C.
4. Construa o gráfico de controle com os limites de advertência para a fração não conforme $np$, utilizando os dados da Tabela C.3 do Anexo C.
5. Construa o gráfico de controle $p$ com tamanho variável ($n_j$), utilizando os dados da Tabela C.4 do Anexo C.
6. Construa o gráfico de controle $p$ com tamanho variável ($n_j$) com os limites de advertência, utilizando os dados da Tabela C.4 do Anexo C.
7. Construa o gráfico de controle $p$ com tamanho médio de amostra ($\bar{n}$), utilizando os dados da Tabela C.4 do Anexo C.
8. Construa o gráfico de controle $p$ com tamanho médio de amostra ($\bar{n}$) com os limites de advertência, utilizando os dados da Tabela C.4 do Anexo C.
9. Construa o gráfico de controle padronizado $p$, utilizando os dados da Tabela C.4 do Anexo C.
10. Construa o gráfico de controle padronizado $p$ com os limites de advertência, utilizando os dados da Tabela C.4 do Anexo C.
11. Construa o gráfico de controle $np$ com tamanho variável de amostra ($n_j$), utilizando os dados da Tabela C.4 do Anexo C.
12. Construa o gráfico de controle $np$ com tamanho variável de amostra ($n_j$) com os limites de advertência, utilizando os dados da Tabela C.4 do Anexo C.
13. Construa o gráfico de controle $np$ com tamanho médio de amostra ($\bar{n}$), utilizando os dados da Tabela C.4 do Anexo C.
14. Construa o gráfico de controle $np$ com tamanho médio de amostra ($\bar{n}$) com os limites de advertência, utilizando os dados da Tabela C.4 do Anexo C.
15. Construa o gráfico de controle $c$, utilizando os dados da Tabela C.5 do Anexo C.
16. Construa o gráfico de controle $c$ com os limites de advertência, utilizando os dados da Tabela C.5 do Anexo C.
17. Construa o gráfico de controle $u$, utilizando os dados da Tabela C.5 do Anexo C.
18. Construa o gráfico de controle $u$ com os limites de advertência, utilizando os dados da Tabela C.5 do Anexo C.
19. Construa o gráfico de controle $u$ com tamanho variável $n_j$, utilizando os dados da Tabela C.6 do Anexo C.

20. Construa o gráfico de controle $u$ com tamanho variável $n_j$ com os limites de advertência, utilizando os dados da Tabela C.6 do Anexo C.
21. Construa o gráfico de controle $u$ com tamanho média da amostra ($\bar{n}$), utilizando os dados da Tabela C.6 do Anexo C.
22. Construa o gráfico de controle $u$ com tamanho média da amostra ($\bar{n}$) com os limites de advertência, utilizando os dados da Tabela C.6 do Anexo C.
23. Construa o gráfico de controle padronizado $u$, utilizando os dados da Tabela C.6 do Anexo C.
24. Construa o gráfico de controle padronizado $u$ com os limites de advertência, utilizando os dados da Tabela C.6 do Anexo C.

# Capítulo 6

# Gráficos de Controle para Medidas Individuais

## 6.1 Introdução

Este capítulo mostra a construção de gráficos de controle para medidas individuais. Esses gráficos são aqueles em que o tamanho amostral do subgrupo é igual a 1 ($n = 1$). Eles são comumente empregados em situações em que, por exemplo, a tecnologia de inspeção ou a medição são automáticas. Portanto, subgrupos amostrais não são formados, ou a taxa de produção é baixa e a formação de subgrupos pode ser problemática, ou, ainda, as medidas de um parâmetro diferem muito pouco e produzem um desvio padrão muito pequeno.

## 6.2 Gráfico de controle para amplitude móvel ou gráfico $MR$

O gráfico das amplitudes móveis é um gráfico de controle utilizado para monitorar e controlar a dispersão do processo. Assim, se $X_j$ é o valor da $j$-ésima observação da característica da qualidade $x$, então a média das amplitudes móveis dividida por $d_2$ é uma boa estimativa da variabilidade do processo, isto é,

$$\hat{\sigma} = \frac{\overline{MR}}{d_2}. \tag{6.1}$$

Os valores de $d_2$ estão tabulados para alguns tamanhos amostrais na Tabela A.2 do Anexo A, e de maneira geral a média das amplitudes móveis ($\overline{MR}$) é dada por

$$\overline{MR} = \frac{1}{m-(h-1)} \sum_{j=h}^{m} MR_j,$$

com $h$ sendo o tamanho da amplitude móvel e $MR_j$ a $j$-ésima amplitude móvel. Para este livro, será utilizado o caso mais comum de duas observações consecutivas para $MR_j$, obtida por

$$MR_j = \text{máximo}\{x_j, x_{j-1}\} - \text{mínimo}\{x_j, x_{j-1}\}, \tag{6.2}$$

para $j = 2, \ldots, m$, e, desta forma, a média das amplitudes móveis é dada por

$$\overline{MR} = \frac{1}{m-1} \sum_{j=2}^{m} MR_j. \tag{6.3}$$

Como

$$E[MR_j] = \overline{MR} \tag{6.4}$$

e

$$DP[MR_j] = d_3 \sigma = d_3 \frac{\overline{MR}}{d_2}, \tag{6.5}$$

então a linha central e os limites de controle $k$ sigma do gráfico $MR$ são obtidos por

$$\begin{aligned} LSC &= \overline{MR} + kd_3 \frac{\overline{MR}}{d_2} \\ LC &= \overline{MR} \\ LIC &= \overline{MR} - kd_3 \frac{\overline{MR}}{d_2}, \end{aligned} \tag{6.6}$$

onde $\overline{MR}$ é dado pela Equação (6.3) e os valores de $d_2$ e $d_3$ estão tabulados para alguns tamanhos amostrais na Tabela A.2 do Anexo A. Uma informação importante é que, quando o resultado númerico do $LIC$ apresentar valor negativo, deve-se adotar para este o valor zero, ou seja, $LIC = 0$.

Vale resssaltar que, para os gráficos de controle para medidas individuais, o tamanho da amplitude ($h$) é representado na Tabela A.2 do Anexo A por $n$, e, como já foi dito, para este livro será utilizado $h = 2$, ou seja, $n = 2$.

Para o usual $k = 3$, pode-se definir as constantes

$$D_3 = 1 - 3\frac{d_3}{d_2}$$

e

$$D_4 = 1 + 3\frac{d_3}{d_2}.$$

Assim, a linha central e os limites de controle para o gráfico $MR$ passam a ser obtidos por

$$LSC = D_4\overline{MR}$$
$$LC = \overline{MR} \quad (6.7)$$
$$LIC = D_3\overline{MR}.$$

Os valores de $D_3$ e $D_4$ estão tabulados para alguns tamanhos amostrais na Tabela A.2 do Anexo A.

**Exercício resolvido 6.1** Para exemplificar a construção do gráfico de controle $MR$ com seus limites de advertência, considere os dados apresentados na Tabela 6.1, que mostra a densidade aparente (g/cm$^3$) de eletrodos de carbono em 30 amostras de tamanho 1.

Os valores de $MR_j$, apresentados na Tabela 6.1, de duas observações consecutivas foram obtidas a partir da Equação (6.2). Para exemplificar, a amplitude móvel quando $j = 2$, ou seja, considerando os dois primeiros valores, é

$$MR_2 = \text{máximo}\{x_2; x_{2-1}\} - \text{mínimo}\{x_2; x_{2-1}\}$$
$$= \text{máximo}\{x_2; x_1\} - \text{mínimo}\{x_2; x_1\}$$
$$= \text{máximo}\{1,663; 1,669\} - \text{mínimo}\{1,663; 1,669\}$$
$$= 1,669 - 1,663 = 0,006.$$

**106** Controle Estatístico da Qualidade

**Tabela 6.1** Dados da densidade aparente (g/cm³) de um processo produtivo de eletrodos de carbono

| Amostra (j) | Densidade aparente (g/cm³) | MR_j | Amostra (j) | Densidade aparente (g/cm³) | MR_j |
|---|---|---|---|---|---|
| 1  | 1,669 |       | 16 | 1,662 | 0,009 |
| 2  | 1,663 | 0,006 | 17 | 1,667 | 0,005 |
| 3  | 1,666 | 0,003 | 18 | 1,660 | 0,007 |
| 4  | 1,663 | 0,003 | 19 | 1,669 | 0,009 |
| 5  | 1,658 | 0,005 | 20 | 1,668 | 0,001 |
| 6  | 1,650 | 0,008 | 21 | 1,666 | 0,002 |
| 7  | 1,663 | 0,013 | 22 | 1,666 | 0,000 |
| 8  | 1,666 | 0,003 | 23 | 1,660 | 0,006 |
| 9  | 1,658 | 0,008 | 24 | 1,667 | 0,007 |
| 10 | 1,651 | 0,007 | 25 | 1,667 | 0,000 |
| 11 | 1,664 | 0,013 | 26 | 1,666 | 0,001 |
| 12 | 1,667 | 0,003 | 27 | 1,674 | 0,008 |
| 13 | 1,668 | 0,001 | 28 | 1,672 | 0,002 |
| 14 | 1,667 | 0,001 | 29 | 1,664 | 0,008 |
| 15 | 1,671 | 0,004 | 30 | 1,667 | 0,004 |
|    |       |       | Total | 48,2640 | 0,1800 |

e, quando $j = 3$,

$$MR_3 = \text{máximo}\{x_3; x_{3-1}\} - \text{mínimo}\{x_3; x_{3-1}\}$$
$$= \text{máximo}\{x_3; x_2\} - \text{mínimo}\{x_3; x_2\}$$
$$= \text{máximo}\{1,666; 1,663\} - \text{mínimo}\{1,666; 1,663\}$$
$$= 1,666 - 1,663 = 0,003.$$

A média das $m - (h - 1)$ amplitudes amostrais ($\overline{MR}$), obtida a partir da Equação (6.3), é

$$\overline{MR} = \frac{1}{m-1} \sum_{j=2}^{m} MR_j = \frac{1}{29} \times 0,1800 = 0,0062.$$

Para construir o gráfico de controle MR, é necessário inicialmente estimar os seus limites de controle. Isso pode ser feito de duas maneiras:

**a)** A partir da Equação (6.6) e fixando $k = 3$, os limites de controle superior e inferior são, respectivamente,

$$LSC = \overline{MR} + kd_3 \frac{\overline{MR}}{d_2} = 0,0062 + 3 \times 0,8530 \times \frac{0,0062}{1,1280} = 0,0203$$

e

$$LIC = \overline{MR} - kd_3\frac{\overline{MR}}{d_2} = 0,0062 - 3 \times 0,8530 \times \frac{0,0062}{1,1280} = -0,0079 \Longrightarrow$$

$LIC = 0$,

onde $d_2 = 1,1280$ e $d_3 = 0,8530$ para o tamanho da amplitude $h = 2$, ou, na Tabela A.2, $n = 2$. Observe que, como o $LIC$ apresenta valor negativo, então $LIC = 0$.

A linha central é

$$LC = \overline{MR} = 0,0062.$$

**b)** Outra maneira, mais simples, de estimar os limites de controle do gráfico $MR$ pode ser feito por meio da Equação (6.7), onde os valores de $D_3$ e $D_4$ dependem do tamanho da amplitude (neste caso, $h = 2$, cujos valores estão fixados na Tabela A.2 do Anexo A). Então os limites de controle superior e inferior são, respectivamente,

$$LSC = D_4\overline{MR} = 3,267 \times 0,0062 = 0,0203$$

e

$$LIC = D_3\overline{MR} = 0 \times 0,0062 = 0,0000$$

onde $D_3 = 0,000$ e $D_4 = 3,267$ para $h = 2$ $(n = 2)$.

Os limites de advertência para o gráfico $MR$ são estimados por

$$LSA = \overline{MR} + \frac{k}{2}d_3\frac{\overline{MR}}{d_2} = 0,0062 + \frac{3}{2} \times 0,8530 \times \frac{0,0062}{1,1280} = 0,0132$$

e

$$LIA = \overline{MR} - \frac{k}{2}d_3\frac{\overline{MR}}{d_2} = 0,0062 - \frac{3}{2} \times 0,8530 \times \frac{0,0062}{1,1280} = -0,0008 \Longrightarrow$$

$LIA = 0$.

Observe que, como o $LIA$ apresenta valor negativo, então $LIA = 0$.

A Figura 6.1 apresenta o gráfico de controle $MR$ para o exemplo mostrado na Tabela 6.1.

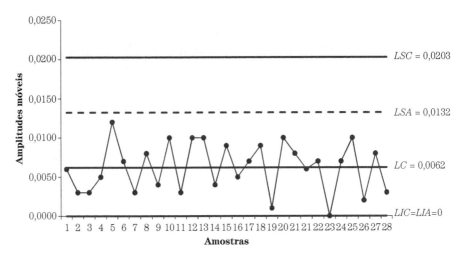

**Figura 6.1** Gráfico de controle $MR$ com seus limites de advertência para os dados de densidade aparente (g/cm$^3$) de eletrodos de carbono, em 30 amostras de tamanho 1.

## 6.3 Gráfico de controle para observações individuais ou gráfico $x$

O gráfico de controle para observações individuais é utilizado para monitorar e controlar o nível do processo. Assim, a linha central e os limites de controle $k$ sigma do gráfico $x$ são obtidas por

$$\begin{aligned} LSC &= \bar{X} + k\frac{\overline{MR}}{d_2} \\ LC &= \bar{X} \\ LIC &= \bar{X} - k\frac{\overline{MR}}{d_2}, \end{aligned} \quad (6.8)$$

onde $\bar{X}$ e $\overline{MR}$ são dados pelas Equações (3.1) e (6.3), respectivamente. Os valores de $d_2$ estão tabulados para alguns tamanhos amostrais na Tabela A.2 do Anexo A.

**Exercício resolvido 6.2** Para exemplificar a construção do gráfico de controle $x$, considere os dados apresentados na Tabela 6.1, que mostra a densidade aparente (g/cm$^3$) de eletrodos de carbono em 30 amostras de tamanho 1.

**Capítulo 6** Gráficos de Controle para Medidas Individuais    **109**

A média amostral ($\bar{X}$), obtida a partir da Equação (3.1), é

$$\bar{X} = \frac{1}{m}\sum_{j=1}^{m} X_j = \frac{1}{30} \times 48{,}2640 = 1{,}6640.$$

Então, fixando $k = 3$, os limites de controle superior e inferior são, respectivamente,

$$LSC = \bar{X} + k\frac{\overline{MR}}{d_2} = 1{,}6640 + 3 \times \frac{0{,}0062}{1{,}1280} = 1{,}6800$$

e

$$LIC = \bar{X} + k\frac{\overline{MR}}{d_2} = 1{,}6640 - 3 \times \frac{0{,}0062}{1{,}1280} = 1{,}6480,$$

onde $d_2 = 1{,}1280$ e a média das $(m-1)$ amplitudes amostrais $\overline{MR}$ foi obtida a partir da Equação (6.3).

A linha central é

$$LC = \bar{X} = 1{,}6640.$$

A Figura 6.2 apresenta o gráfico de controle $x$ para o exemplo mostrado na Tabela 6.1.

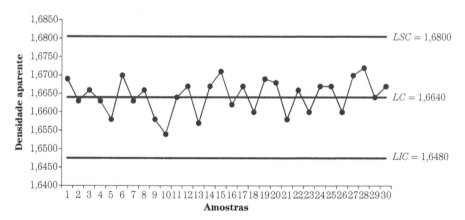

**Figura 6.2** Gráfico de controle $x$ para os dados de densidade aparente (g/cm$^3$) de eletrodos de carbono em 30 amostras de tamanho 1.

A Figura 6.2 pode ser construída apresentando os limites de advertência, a partir da Equação (3.49), como no Exercício Resolvido 6.1.

## 6.4 Exercícios

1. Construa o gráfico de controle para a amplitude móvel ($MR$), considerando os dados do teor de ferro (Fe) apresentados na Tabela C.8 do Anexo C.
2. Obtenha os limites de controle para o exercício anterior, utilizando a fórmula reduzida (Equação 6.7), e compare os resultados.
3. Construa o gráfico de controle para observações individuais ($x$), considerando os dados do teor de ferro (Fe) apresentados na Tabela C.8 do Anexo C.
4. Construa o gráfico de controle para observações individuais ($x$) com os limites de advertência, considerando os dados do teor de ferro (Fe) apresentados na Tabela C.8 do Anexo C.
5. Construa o gráfico de controle para a amplitude móvel ($MR$), considerando os dados do pH da água ($H_2O$) apresentados na Tabela C.7 do Anexo C.
6. Obtenha os limites de controle para o exercício anterior, utilizando a fórmula reduzida (Equação 6.7), e compare os resultados.
7. Construa o gráfico de controle para a amplitude móvel ($MR$) com os limites de advertência, considerando os dados do pH da água ($H_2O$) apresentados na Tabela C.7 do Anexo C.
8. Construa o gráfico de controle para observações individuais ($x$), considerando os dados do pH da água ($H_2O$) apresentados na Tabela C.7 do Anexo C.
9. Construa o gráfico de controle para a amplitude móvel ($MR$), considerando os dados do teor de magnésio (Mg) apresentados na Tabela C.8 do Anexo C.
10. Obtenha os limites de controle para o exercício anterior, utilizando a fórmula reduzida (Equação 6.7), e compare os resultados.
11. Construa o gráfico de controle para observações individuais ($x$), considerando os dados do teor de magnésio (Mg) apresentados na Tabela C.8 do Anexo C.
12. Construa o gráfico de controle para observações individuais ($x$) com os limites de advertência, considerando os dados do teor de magnésio (Mg) apresentados na Tabela C.8 do Anexo C.
13. Construa o gráfico de controle para a amplitude móvel ($MR$), considerando os dados do teor de vanádio (V) apresentados na Tabela C.8 do Anexo C.
14. Obtenha os limites de controle para o exercício anterior, utilizando a fórmula reduzida (Equação 6.7), e compare os resultados.

15. Construa o gráfico de controle para a amplitude móvel ($MR$) com os limites de advertência, considerando os dados do teor de vanádio (V) apresentados na Tabela C.8 do Anexo C.
16. Construa o gráfico de controle para observações individuais ($x$), considerando os dados do teor de cálcio (Ca) apresentados na Tabela C.8 do Anexo C.
17. Construa o gráfico de controle para observações individuais ($x$) com os limites de advertência, considerando os dados do teor de cálcio (Ca) apresentados na Tabela C.8 do Anexo C.
18. Construa o gráfico de controle para a amplitude móvel ($MR$), considerando os dados do teor de fósforo (P) apresentados na Tabela C.8 do Anexo C.
19. Construa o gráfico de controle para observações individuais ($x$), considerando os dados do pH do cloreto de potássio (KCl) apresentados na Tabela C.7 do Anexo C.
20. Construa o gráfico de controle para a amplitude móvel ($MR$), considerando os dados do teor de potássio (K) apresentados na Tabela C.8 do Anexo C.
21. Construa o gráfico de controle para observações individuais ($x$), considerando os dados do teor de alumínio (Al) apresentados na Tabela C.8 do Anexo C.
22. Construa o gráfico de controle para a amplitude móvel ($MR$), considerando os dados do teor de cálcio (Ca) apresentados na Tabela C.8 do Anexo C.
23. Construa o gráfico de controle para observações individuais ($x$), considerando os dados do teor de vanádio (V) apresentados na Tabela C.8 do Anexo C.

# Capítulo 7

# Índices de Capacidade do Processo

## 7.1 Introdução

Devido à simplicidade de obtenção e avaliação, os índices de capacidade são outro bom exemplo de ferramenta do controle estatístico da qualidade com ampla utilização industrial. Tal qual os gráficos de controle, a determinação da capacidade do processo depende de estimativas para a dispersão e para o nível (em alguns casos) do processo. Assim, a obtenção de estimadores para a dispersão do processo, capazes de melhorar a sensibilidade dos índices, são de grande interesse para pesquisadores e usuários dos índices de capacidade do processo.

Basicamente, o estudo da capacidade visa verificar se o processo consegue atender às especificações ou não. Ou seja, é avaliado se a dispersão natural ($6\sigma$) de um processo está dentro dos limites de especificação. Assim, considerando a situação onde a média do processo $\mu$ e o desvio padrão $\sigma$ são desconhecidos e estimados por $\hat{\mu}$ e $\hat{\sigma}$, respectivamente, e que este processo comporta-se conforme uma distribuição normal, pode-se imediatamente determinar a porcentagem de itens defeituosos a partir das especificações fornecidas e dos parâmetros $\mu$ e $\sigma$. Porém, é mais simples avaliar o processo a partir dos índices de capacidade.

Apesar da grande variedade de índices de capacidade (veja, por exemplo, Kotz; Lovelace, 1998), quatro índices são mais frequentemente utilizados para mensurar a capacidade de um processo em atender às especificações. Esses índices de capacidade são comumente conhecidos como $C_p$, $C_{pu}$, $C_{pl}$ e $C_{pk}$.

## 7.2 Índice $C_p$

O índice $C_p$ foi projetado para dar uma medida indireta da habilidade do potencial do processo em satisfazer as especificações. Sua definição é da forma

$$C_p = \frac{LSE - LIE}{6\sigma}, \qquad (7.1)$$

onde $LSE$ é o limite superior de especificação, $LIE$ é o limite inferior de especificação e $\sigma$ é o desvio padrão do processo, estimado a partir de uma das cinco equações vistas na Subseção 3.1.1, por exemplo, a Equação (3.16), $\bar{S}/c_n$. Desta forma, o estimador de $C_p$ é dado por

$$\widehat{C}_p = \frac{LSE - LIE}{6\widehat{\sigma}}. \qquad (7.2)$$

No entanto, o índice $C_p$ pode ser redefinido de forma simples como

$$C_p = \frac{\text{especificação do produto}}{\text{capacidade do processo}} = \frac{\text{dispersão permitida do processo}}{\text{dispersão natural do processo}}.$$

O numerador do $C_p$ dá o tamanho da amplitude sobre a qual as observações do processo podem variar. O denominador dá o tamanho da amplitude sobre a qual o processo está atualmente variando. Obviamente, deseja-se que o processo monitorado possua um $C_p$ tão grande quanto possível. Nem o numerador, nem o denominador, referem-se ao nível do processo, isto é, o $C_p$ compara somente dispersões (amplitudes), não levando em conta onde o processo está centrado.

Kotz e Johnson (1993) alertam que o índice $C_p$ deve ser utilizado somente para processo sob controle estatístico e cujas observações sejam independentes e normalmente distribuídas. Quando $C_p$ é utilizado sob quaisquer outras condições, estimativas incorretas da capacidade do processo serão produzidas.

A Figura 7.1 mostra claramente a desejada relação entre a dispersão permitida do processo e a dispersão natural do processo.

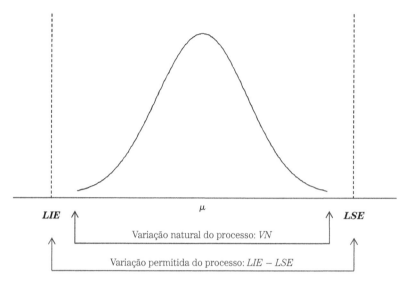

**Figura 7.1** Relação entre a dispersão permitida do processo e a dispersão natural do processo.

Uma regra usual para a análise do índice de capacidade do processo é descrita da seguinte forma:

***i***) Quando $C_p < 1,00$, a capacidade do processo é inadequada à especificação exigida. O processo é considerado vermelho. Nesta situação, o responsável pelo processo deverá tentar diminuir a variabilidade do processo ou realizar o trabalho em outro processo que atenda às especificações.

***ii***) Quando $1,00 \leq C_p \leq 1,33$, a capacidade do processo está dentro da especificação exigida. O processo é considerado amarelo. Nesta situação, o responsável pelo processo deverá tentar diminuir a variabilidade do processo. Gráficos de controle são úteis para manter o processo sob controle estatístico, evitando a produção de unidades não conformes.

***iii***) Quando $C_p > 1,33$, a capacidade do processo é adequada à especificação exigida. O processo é considerado verde. Nesta situação, o responsável pelo processo não precisa tomar maiores cuidados com o processo, a menos que se queira reduzir a variabilidade para aumentar a qualidade dos produtos.

A Figura 7.2 mostra a relação entre a percentagem de especificação utilizada, $C_p$ e as unidades não conformes produzidas. Observe, por exemplo, que quando a dispersão natural do processo utiliza toda a percentagem de especificação (100%), $C_p = 1,00$. Neste caso, é esperado que o processo produza 27 unidades não conformes a cada 10.000 unidades produzidas (0,27%). Já quando apenas 60% da percentagem de especificação é utilizada pela dispersão natural do processo, ou seja, $C_p = 1,66$, é esperado que o processo produza somente seis unidades não conformes a cada 10.000.000 de unidades produzidas (0,6 PPM).

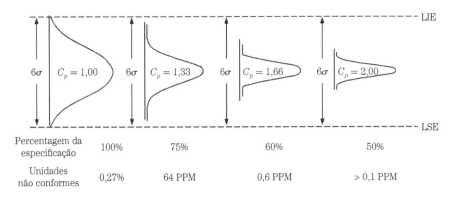

**Figura 7.2** Relação entre a percentagem da especificação utilizada, $C_p$ e as unidades não conformes produzidas.

O ponto de referência de $C_p = 1,00$ foi escolhido para relacionar $C_p$ à variação natural seis sigmas ($6\sigma$) utilizada nos gráficos de controle. A percentagem da especificação utilizada é obtida a partir de

$$P = \frac{1}{C_p} \times 100, \qquad (7.3)$$

onde $C_p$ pode ser estimado pela Equação (7.2).

### 7.2.1 Teste de hipóteses e o índice $C_p$

Na análise da capacidade do processo, o interesse é testar as seguintes hipóteses:

$$\begin{aligned} H_0 &: \text{ o processo não é capaz} \\ H_1 &: \text{ o processo é capaz.} \end{aligned} \qquad (7.4)$$

Para fazer isso, estima-se o valor do índice $C_p$, por meio da Equação (7.2), e compara-se o mesmo com um limite inferior para determinação da capacidade, $\psi$. Isto é,

$$H_0 : \widehat{C}_p \leq \psi$$
$$H_1 : \widehat{C}_p > \psi, \qquad (7.5)$$

onde $\psi$ é comumente 1,00 ou 1,33. Se $C_p > \psi$, a hipótese $H_0$ é rejeitada e conclui-se que o processo é capaz.

## 7.3 Índices $C_{pu}$, $C_{pl}$ e $C_{pk}$

O índice $C_{pk}$ foi desenvolvido para suprir algumas das lacunas deixadas pelo $C_p$, principalmente com relação ao fato de que o índice $C_p$ mede a capacidade somente em termos da dispersão do processo e não leva o nível do processo em consideração. Já o $C_{pk}$, além de avaliar a variabilidade natural do processo em relação à variabilidade permitida, verifica também a posição do processo em relação aos limites (superior e inferior) de especificação. Ou seja, o índice $C_{pk}$ relaciona a distância escalar entre a média do processo e o limite de especificação mais próximo.

Sendo o estimador do $C_{pk}$ definido por

$$\widehat{C}_{pk} = \text{mínimo}\{\widehat{C}_{pu}; \widehat{C}_{pl}\}, \qquad (7.6)$$

onde

$$\widehat{C}_{pu} = \frac{\text{dispersão superior permitida no processo}}{\text{dispersão superior natural no processo}} = \frac{LSE - \widehat{\mu}}{3\widehat{\sigma}} \qquad (7.7)$$

e

$$\widehat{C}_{pl} = \frac{\text{dispersão inferior permitida no processo}}{\text{dispersão inferior natural no processo}} = \frac{\widehat{\mu} - LIE}{3\widehat{\sigma}}, \qquad (7.8)$$

sendo $\widehat{\mu}$ e $\widehat{\sigma}$ os estimadores do nível e da disperssão do processo, respectivamente. Para o processo ser considerado capaz, o $\widehat{C}_{pk}$ deve ser igual ou superior a um.

Os índices $C_{pu}$, $C_{pl}$ e $C_{pk}$ são analisados da mesma forma que o índice $C_p$, conforme descrito na Seção 7.2.

## 7.4 Banda superior e inferior do processo

A banda superior do processo ($BSP$) é a região compreendida entre a média dos limites de especificação e o limite superior de especificação, ou seja,

$$BSP = \left\{ \frac{LIE + LSE}{2};\ LSE \right\}. \quad (7.9)$$

Da mesma forma, a banda inferior do processo ($BIP$) é a região compreendida entre o limite inferior de especificação e a média dos limites de especificação, ou seja,

$$BIP = \left\{ LIE;\ \frac{LIE + LSE}{2} \right\}. \quad (7.10)$$

A Figura 7.3 apresenta a representação gráfica das bandas superior e inferior de um processo.

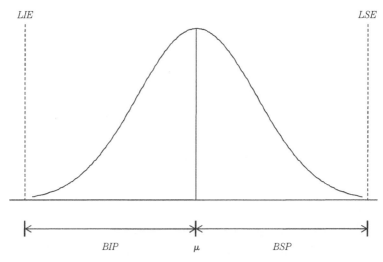

**Figura 7.3** Representação gráfica das bandas superior e inferior de um processo.

**Exercício resolvido 7.1** Para exemplificar a obtenção do índice $C_p$, considere $LSE = 158$ e $LIE = 145$ para o processo de controle da temperatura (°C) de eletrodos de carbono, cujos dados foram apresentados na Tabela 4.1.

**Capítulo 7** Índices de Capacidade do Processo   **119**

O valor de $C_p$ é

$$\widehat{C}_p = \frac{LSE - LIE}{6\widehat{\sigma}} = \frac{LSE - LIE}{6 \times \dfrac{\bar{S}}{c_n}} = \frac{158 - 145}{6 \times \dfrac{2,00}{0,965}} = 1,05,$$

onde $\widehat{\sigma}$ é estimado, por exemplo, pela Equação (3.16), sendo que a média dos $m$ desvios padrão amostrais ($\bar{S} = 2,00$) foi obtida a partir da Equação (3.15), e $c_n = 0,9650$ para $n = 8$.

O valor de $\widehat{C}_p = 1,05$ indica que a capacidade do processo está dentro da especificação exigida. O processo é considerado amarelo. Nesta situação, o responsável pelo controle da temperatura dos eletrodos de carbono deverá tentar diminuir a variabilidade do processo e utilizar os gráficos de controle, pois são úteis para manter a temperatura dos eletrodos de carbono sob controle estatístico, evitando a produção de unidades não conformes.

**Exercício resolvido 7.2** Para exemplificar a obtenção da percentagem da especificação utilizada pelo processo, considere o valor de $C_p = 1,05$, obtido no Exercício Resolvido 7.1, para o processo de controle da temperatura (°C) de eletrodos de carbono, cujos dados foram apresentados na Tabela 4.1.

O valor de $P$ é

$$P = \frac{1}{C_p} \times 100 = \frac{1}{1,05} \times 100 = 95,24\%.$$

O valor de $P = 95,24\%$ indica que, durante o processo produtivo de eletrodos de carbono, a variação de temperaturas está utilizando 95,24% da área permitida para a variabilidade do processo ($LSE - LIE$).

**Exercício resolvido 7.3** Para exemplificar a obtenção dos índices $C_{pu}$, $C_{pl}$ e $C_{pk}$ e das bandas ($BSP$ e $BIP$), considere $LSE = 158$ e $LIE = 145$ para o processo de controle da temperatura (°C) de eletrodos de carbono, cujos dados foram apresentados na Tabela 4.1.

Os valores de $C_{pu}$, $C_{pl}$ e $C_{pk}$ são, respectivamente,

$$\widehat{C}_{pu} = \frac{LSE - \widehat{\mu}}{3\widehat{\sigma}} = \frac{LSE - \bar{\bar{X}}}{3 \times \dfrac{\bar{S}}{c_n}} = \frac{158 - 152,96}{3 \times \dfrac{2,00}{0,965}} = 0,81;$$

$$\widehat{C}_{pl} = \frac{\widehat{\mu} - LIE}{3\widehat{\sigma}} = \frac{\bar{\bar{X}} - LIE}{3 \times \dfrac{\bar{S}}{c_n}} = \frac{152,96 - 145}{3 \times \dfrac{2,00}{0,965}} = 1,28$$

e

$$\widehat{C}_{pk} = \text{mínimo}\{\widehat{C}_{pu};\ \widehat{C}_{pl}\} = \text{mínimo}\{0{,}81;\ 1{,}28\} = 0{,}81,$$

onde $\widehat{\sigma}$ e $\widehat{\mu}$ são estimados, por exemplo, pelas Equações (3.16) e (3.31), respectivamente, sendo que a média dos $m$ desvios amostrais ($S = 2{,}00$) foi obtida a partir da Equação (3.15), e $c_n = 0{,}9650$ para $n = 8$.

Neste caso, *BSP* e *BIP* são, respectivamente,

$$BSP = \left\{\frac{145 + 158}{2};\ 158\right\} = \{151{,}50;\ 158{,}00\}$$

e

$$BIP = \left\{145;\ \frac{145 + 158}{2}\right\} = \{145{,}00;\ 151{,}50\}.$$

O valor de $\widehat{C}_{pu} = 0{,}81$ indica que a capacidade da banda superior do processo é inadequada à especificação exigida, ou seja, existem eletrodos sendo produzidos com temperatura superior ao $LSE = 158$. O processo é considerado vermelho ($C_{pu} < 1{,}00$). Nesta situação, o responsável pelo controle da temperatura dos eletrodos de carbono deverá tentar diminuir a variabilidade da banda superior do processo ou realizar o trabalho em outro processo que atenda às especificações.

O valor de $\widehat{C}_{pl} = 1{,}28$ indica que a capacidade da banda inferior do processo está dentro da especificação exigida, ou seja, os eletrodos estão sendo produzidos com temperatura entre os limites da banda inferior do processo (*BIP* = {145,00; 151,50}). O processo é considerado amarelo ($1{,}00 \leq C_{pl} \leq 1{,}33$). Nesta situação, o responsável pelo controle da temperatura dos eletrodos de carbono deverá tentar diminuir a variabilidade da banda inferior do processo.

O valor de $\widehat{C}_{pk} = 0{,}81$ indica que a pior banda do processo é a superior.

## 7.5 Exercícios

1. A partir dos dados da Tabela C.2 do Anexo C do teor de sódio (Na) em 25 amostras de tamanho 5, de um processo químico e considerando $LSE =$

0,79 e $LIE = 0,41$, pede-se o índice $C_p$ obtido utilizando como estimador da variabilidade:

a) $\dfrac{\bar{S}}{c_n}$; b) $\dfrac{\bar{R}}{d_2}$; c) $\dfrac{\tilde{R}}{\tilde{d}_2}$; d) $\dfrac{\overline{IQ}}{\xi_n}$.

2. A partir dos dados da Tabela C.2 do Anexo C do teor de sódio (Na) em 25 amostras de tamanho 5, de um processo químico, considerando $LSE = 0,79$ e $LIE = 0,41$ e utilizando como estimador da variabilidade a amplitude amostral $\dfrac{\bar{R}}{d_2}$, pede-se:
   a) a percentagem da especificação utilizada ($P$);
   b) o índice $C_{pu}$;
   c) o índice $C_{pl}$;
   d) o índice $C_{pk}$;
   e) as bandas $BIP$ e $BSP$.

3. A partir dos dados da Tabela C.1 do Anexo C da temperatura (°C) do óleo de misturadores em 25 amostras de tamanho 8, de um processo metalúrgico e considerando $LSE = 255,00$ e $LIE = 244,50$, pede-se o índice $C_p$ obtido utilizando como estimador da variabilidade:

a) $\dfrac{\bar{S}}{c_n}$; b) $\dfrac{\bar{R}}{d_2}$; c) $\dfrac{\tilde{R}}{\tilde{d}_2}$; d) $\dfrac{\overline{IQ}}{\xi_n}$.

4. A partir dos dados da Tabela C.1 do Anexo C da temperatura (°C) do óleo de misturadores em 25 amostras de tamanho 8 de um processo metalúrgico considerando $LSE = 255,00$ e $LIE = 244,50$ e utilizando como estimador da variabilidade a amplitude amostral $\dfrac{\bar{S}}{c_n}$, pede-se:
   a) a percentagem da especificação utilizada ($P$);
   b) o índice $C_{pu}$;
   c) o índice $C_{pl}$;
   d) o índice $C_{pk}$;
   e) as bandas $BIP$ e $BSP$.

5. A partir dos dados da Tabela C.8 do Anexo C do teor de ferro (Fe) em 30 amostras de tamanho 1 e considerando $LSE = 0,2450$ e $LIE = 0,1600$, pede-se o índice $C_p$ obtido utilizando como estimador da variabilidade:

a) $S$; b) $\dfrac{\overline{MR}}{d_2}$; c) analise os resultados dos itens ($a$) e ($b$).

6. A partir dos dados da Tabela C.8 do Anexo C do teor de ferro (Fe) em 30 amostras de tamanho 1, considerando $LSE = 0,2450$ e $LIE = 0,1600$ e utilizando como estimador da variabilidade o desvio padrão amostral $S$, pede-se:
   a) a percentagem da especificação utilizada ($P$);
   b) o índice $C_{pu}$;
   c) o índice $C_{pl}$;
   d) o índice $C_{pk}$;
   e) as bandas $BIP$ e $BSP$.
   f) Analise os resultados dos itens ($a$), ($b$), ($c$) e ($d$).

7. A partir dos dados da Tabela C.7 do Anexo C do pH da água (H$_2$O) em 30 amostras de tamanho 1 e considerando $LSE = 5,8600$ e $LIE = 4,4300$, pede-se o índice $C_p$ obtido utilizando como estimador da variabilidade:

   $a)\ S;$  $b)\ \dfrac{\overline{MR}}{d_2};$  $c)$ analise os resultados dos itens ($a$) e ($b$).

8. A partir dos dados da Tabela C.7 do Anexo C do pH da água (H$_2$O) em 30 amostras de tamanho 1, considerando $LSE = 5,8600$ e $LIE = 4,4300$ e utilizando como estimador da variabilidade a amplitude móvel amostral $MR$, pede-se:
   a) a percentagem da especificação utilizada ($P$);
   b) o índice $C_{pu}$;
   c) o índice $C_{pl}$;
   d) o índice $C_{pk}$;
   e) as bandas $BIP$ e $BSP$.

9. A partir dos dados da Tabela C.8 do Anexo C do teor de magnésio (Mg) em 30 amostras de tamanho 1, e considerando $LSE = 0,7500$ e $LIE = 0,0100$, pede-se o índice $C_p$ utilizando como estimador da variabilidade:

   $a)\ S;$  $b)\ \dfrac{\overline{MR}}{d_2};$  $c)$ analise os resultados dos itens ($a$) e ($b$).

10. A partir dos dados da Tabela C.8 do Anexo C do teor de magnésio (Mg) em 30 amostras de tamanho 1, considerando $LSE = 0,7500$ e $LIE = 0,0100$ e utilizando como estimador da variabilidade o desvio padrão amostral $S$, pede-se:
    a) a percentagem da especificação utilizada ($P$);
    b) o índice $C_{pu}$;
    c) o índice $C_{pl}$;

## Capítulo 7 Índices de Capacidade do Processo 123

   d) o índice $C_{pk}$;
   e) as bandas *BIP* e *BSP*.
11. A partir dos dados da Tabela C.8 do Anexo C do teor de vanádio (V) em 30 amostras de tamanho 1, e considerando $LSE = 30,1200$ e $LIE = 7,6500$, pede-se o índice $C_p$ obtido utilizando como estimador da variabilidade:

   a) $S$;   b) $\dfrac{\overline{MR}}{d_2}$;   c) analise os resultados dos itens (a) e (b).

12. A partir dos dados da Tabela C.8 do Anexo C do teor de vanádio (V) em 30 amostras de tamanho 1, considerando $LSE = 30,1200$ e $LIE = 7,6500$ e utilizando como estimador da variabilidade a amplitude móvel amostral *MR*, pede-se:
   a) a percentagem da especificação utilizada (*P*);
   b) o índice $C_{pu}$;
   c) o índice $C_{pl}$;
   d) o índice $C_{pk}$;
   e) as bandas *BIP* e *BSP*.

13. A partir dos dados da Tabela C.8 do Anexo C do teor de cálcio (Ca) em 30 amostras de tamanho 1, considerando $LSE = 1,8000$ e $LIE = 0,0500$, pede-se o índice $C_p$ utilizando como estimador da variabilidade:

   a) $S$;   b) $\dfrac{\overline{MR}}{d_2}$;   c) analise os resultados dos itens (a) e (b).

14. A partir dos dados da Tabela C.8 do Anexo C do teor de cálcio (Ca) em 30 amostras de tamanho 1, considerando $LSE = 1,8000$ e $LIE = 0,0500$ e utilizando como estimador da variabilidade o desvio padrão amostral $S$, pede-se:
   a) a percentagem da especificação utilizada (*P*);
   b) o índice $C_{pu}$;
   c) o índice $C_{pl}$;
   d) o índice $C_{pk}$;
   e) as bandas *BIP* e *BSP*.

15. A partir dos dados da Tabela C.8 do Anexo C do teor de fósforo (P) em 30 amostras de tamanho 1, considerando $LSE = 11,9100$ e $LIE = 1,7500$, pede-se o índice $C_p$ utilizando como estimador da variabilidade:

   a) $S$;   b) $\dfrac{\overline{MR}}{d_2}$;   c) analise os resultados dos itens (a) e (b).

16. A partir dos dados da Tabela C.8 do Anexo C do teor de fósforo (P) em 30 amostras de tamanho 1, considerando $LSE = 11,9100$ e $LIE = 1,7500$ e utilizando como estimador da variabilidade a amplitude móvel amostral $MR$, pede-se:
    a) a percentagem da especificação utilizada ($P$);
    b) o índice $C_{pu}$;
    c) o índice $C_{pl}$;
    d) o índice $C_{pk}$;
    e) as bandas $BIP$ e $BSP$.

17. A partir dos dados da Tabela C.7 do Anexo C do pH do cloreto de potássio (KCl) em 30 amostras de tamanho 1, e considerando $LSE = 5,2500$ e $LIE = 3,0500$, pede-se o índice $C_p$ utilizando como estimador da variabilidade:

    $a$) $S$; $\quad$ $b$) $\dfrac{\overline{MR}}{d_2}$; $\quad$ $c$) analise os resultados dos itens ($a$) e ($b$).

18. A partir dos dados da Tabela C.7 do Anexo C do pH do cloreto de potássio ($KCl$) em 30 amostras de tamanho 1, considerando $LSE = 5,2500$, $LIE = 3,0500$ e utilizando como estimador da variabilidade o desvio padrão amostral $S$, pede-se:
    $a$) a percentagem da especificação utilizada ($P$);
    $b$) o índice $C_{pu}$;
    $c$) o índice $C_{pl}$;
    $d$) o índice $C_{pk}$;
    $e$) as bandas $BIP$ e $BSP$.

19. A partir dos dados da Tabela C.8 do Anexo C do teor de potássio (K) em 30 amostras de tamanho 1, e considerando $LSE = 0,2000$, $LIE = 0,0300$, pede-se o índice $C_p$ utilizando como estimador da variabilidade:

    $a$) $S$; $\quad$ $b$) $\dfrac{\overline{MR}}{d_2}$; $\quad$ $c$) analise os resultados dos itens ($a$) e ($b$).

20. A partir dos dados da Tabela C.8 do Anexo C do teor de potássio (K) em 30 amostras de tamanho 1, considerando $LSE = 0,2000$, $LIE = 0,0300$ e utilizando como estimador da variabilidade a amplitude móvel amostral $MR$, pede-se:
    a) a percentagem da especificação utilizada ($P$);
    b) o índice $C_{pu}$;

c) o índice $C_{pl}$;
d) o índice $C_{pk}$;
e) as bandas *BIP* e *BSP*.

21. A partir dos dados da Tabela C.8 do Anexo C do teor de alumínio (Al) em 30 amostras de tamanho 1 e considerando $LSE = 1,8000$ e $LIE = 0,1000$, pede-se o índice $C_p$ utilizando como estimador da variabilidade:

    *a*) $S$;    *b*) $\dfrac{\overline{MR}}{d_2}$;    *c*) analise os resultados dos itens (*a*) e (*b*).

22. A partir dos dados da Tabela C.8 do Anexo C do teor de alumínio (Al) em 30 amostras de tamanho 1, considerando $LSE = 1,8000$ e $LIE = 0,1000$ e utilizando como estimador da variabilidade o desvio padrão amostral *S*, pede-se:
    a) a percentagem da especificação utilizada (*P*);
    b) o índice $C_{pu}$;
    c) o índice $C_{pl}$;
    d) o índice $C_{pk}$;
    e) as bandas *BIP* e *BSP*.

# Anexo A

# Tabelas de Fatores para Construção de Gráficos de Controle

**Tabela A.1** Fatores para construção de gráficos de controle para variáveis – gráficos de controle para dispersão do processo – gráfico do desvio padrão

<table>
<tr><th colspan="8">Gráfico do desvio padrão</th></tr>
<tr><th rowspan="2">n</th><th colspan="4">Fatores para os limites de controle</th><th colspan="2">Fatores para linha central</th></tr>
<tr><th>$B_3$</th><th>$B_4$</th><th>$B_5$</th><th>$B_6$</th><th>$c_n$</th><th>$1/c_n$</th></tr>
<tr><td>2</td><td>0</td><td>3,267</td><td>0</td><td>2,606</td><td>0,798</td><td>1,253</td></tr>
<tr><td>3</td><td>0</td><td>2,568</td><td>0</td><td>2,276</td><td>0,886</td><td>1,128</td></tr>
<tr><td>4</td><td>0</td><td>2,266</td><td>0</td><td>2,088</td><td>0,921</td><td>1,085</td></tr>
<tr><td>5</td><td>0</td><td>2,089</td><td>0</td><td>1,964</td><td>0,940</td><td>1,064</td></tr>
<tr><td>6</td><td>0,030</td><td>1,970</td><td>0,029</td><td>1,874</td><td>0,915</td><td>1,051</td></tr>
<tr><td>7</td><td>0,118</td><td>1,882</td><td>0,113</td><td>1,806</td><td>0,959</td><td>1,042</td></tr>
<tr><td>8</td><td>0,185</td><td>1,815</td><td>0,179</td><td>1,751</td><td>0,965</td><td>1,036</td></tr>
<tr><td>9</td><td>0,239</td><td>1,761</td><td>0,232</td><td>1,707</td><td>0,969</td><td>1,032</td></tr>
<tr><td>10</td><td>0,284</td><td>1,716</td><td>0,276</td><td>1,669</td><td>0,973</td><td>1,028</td></tr>
<tr><td>11</td><td>0,321</td><td>1,679</td><td>0,313</td><td>1,637</td><td>0,975</td><td>1,025</td></tr>
<tr><td>12</td><td>0,354</td><td>1,646</td><td>0,346</td><td>1,610</td><td>0,978</td><td>1,023</td></tr>
<tr><td>13</td><td>0,382</td><td>1,618</td><td>0,374</td><td>1,585</td><td>0,979</td><td>1,021</td></tr>
<tr><td>14</td><td>0,406</td><td>1,594</td><td>0,399</td><td>1,563</td><td>0,981</td><td>1,019</td></tr>
<tr><td>15</td><td>0,428</td><td>1,572</td><td>0,421</td><td>1,544</td><td>0,982</td><td>1,018</td></tr>
<tr><td>16</td><td>0,448</td><td>1,552</td><td>0,44</td><td>1,526</td><td>0,984</td><td>1,017</td></tr>
<tr><td>17</td><td>0,466</td><td>1,534</td><td>0,458</td><td>1,511</td><td>0,985</td><td>1,016</td></tr>
<tr><td>18</td><td>0,482</td><td>1,518</td><td>0,475</td><td>1,496</td><td>0,985</td><td>1,015</td></tr>
<tr><td>19</td><td>0,497</td><td>1,503</td><td>0,49</td><td>1,483</td><td>0,986</td><td>1,014</td></tr>
<tr><td>20</td><td>0,51</td><td>1,490</td><td>0,54</td><td>1,470</td><td>0,987</td><td>1,013</td></tr>
<tr><td>21</td><td>0,523</td><td>1,477</td><td>0,516</td><td>1,459</td><td>0,988</td><td>1,013</td></tr>
<tr><td>22</td><td>0,534</td><td>1,466</td><td>0,528</td><td>1,448</td><td>0,988</td><td>1,012</td></tr>
<tr><td>23</td><td>0,545</td><td>1,455</td><td>0,539</td><td>1,438</td><td>0,989</td><td>1,011</td></tr>
<tr><td>24</td><td>0,555</td><td>1,445</td><td>0,549</td><td>1,429</td><td>0,989</td><td>1,011</td></tr>
<tr><td>25</td><td>0,565</td><td>1,435</td><td>0,559</td><td>1,420</td><td>0,990</td><td>1,011</td></tr>
</table>

**Tabela A.2** Fatores para construção de gráficos de controle para variáveis – gráficos de controle para dispersão do processo – gráfico da variância e gráfico das amplitudes

|   | Gráfico da variância | | Gráfico das amplitudes | | | | | | |
|---|---|---|---|---|---|---|---|---|---|
|   | Fatores para os limites de controle | | Fatores para linha central | | | Fatores para os limites de controle | | | |
| $n$ | $B_7$ | $B_8$ | $d_2$ | $1/d_2$ | $\tilde{d}_2$ | $d_3$ | $\tilde{d}_3$ | $D_3$ | $D_4$ |
| 2 | 0 | 5,243 | 1,128 | 0,886 | 0,954 | 0,853 | 0,450 | 0 | 3,267 |
| 3 | 0 | 4,000 | 1,693 | 0,591 | 1,588 | 0,888 | 0,435 | 0 | 2,575 |
| 4 | 0 | 3,449 | 2,059 | 0,486 | 1,978 | 0,880 | 0,445 | 0 | 2,282 |
| 5 | 0 | 3,121 | 2,326 | 0,430 | 2,257 | 0,864 | 0,457 | 0 | 2,115 |
| 6 | 0 | 2,897 | 2,534 | 0,395 | 2,472 | 0,848 | 0,468 | 0 | 2,004 |
| 7 | 0 | 2,732 | 2,704 | 0,370 | 2,645 | 0,833 | 0,477 | 0,076 | 1,924 |
| 8 | 0 | 2,604 | 2,847 | 0,351 | 2,791 | 0,820 | 4,870 | 0,136 | 1,864 |
| 9 | 0 | 2,500 | 2,970 | 0,337 | 2,915 | 0,808 | 0,495 | 0,184 | 1,816 |
| 10 | 0 | 2,414 | 3,078 | 0,325 | 3,024 | 0,797 | 0,503 | 0,223 | 1,777 |
| 11 | 0 | 2,342 | 3,173 | 0,315 | 3,121 | 0,787 | 0,509 | 0,256 | 1,744 |
| 12 | 0 | 2,279 | 3,258 | 0,307 | 3,207 | 0,778 | 0,515 | 0,283 | 1,717 |
| 13 | 0 | 2,225 | 3,336 | 0,300 | 3,285 | 0,770 | 0,521 | 0,307 | 1,693 |
| 14 | 0 | 2,177 | 3,407 | 0,294 | 3,356 | 0,763 | 0,527 | 0,328 | 1,672 |
| 15 | 0 | 2,134 | 3,472 | 0,288 | 3,422 | 0,756 | 0,532 | 0,347 | 1,653 |
| 16 | 0 | 2,095 | 3,532 | 0,283 | 3,382 | 0,750 | – | 0,363 | 1,637 |
| 17 | 0 | 2,061 | 3,588 | 0,279 | 3,538 | 0,744 | – | 0,378 | 1,622 |
| 18 | 0 | 2,029 | 3,640 | 0,275 | 3,591 | 0,739 | – | 0,391 | 1,609 |
| 19 | 0 | 2,000 | 3,689 | 0,271 | 3,640 | 0,733 | – | 0,404 | 1,596 |
| 20 | 0,027 | 1,973 | 3,735 | 0,268 | 3,686 | 0,729 | – | 0,415 | 1,585 |
| 21 | 0,051 | 1,949 | 3,778 | 0,265 | – | 0,724 | – | 0,425 | 1,575 |
| 22 | 0,074 | 1,926 | 3,819 | 0,262 | – | 0,720 | – | 0,435 | 1,565 |
| 23 | 0,095 | 1,905 | 3,858 | 0,259 | – | 0,716 | – | 0,443 | 1,557 |
| 24 | 0,115 | 1,885 | 3,895 | 0,257 | – | 0,712 | – | 0,452 | 1,548 |
| 25 | 0,134 | 1,866 | 3,931 | 0,254 | – | 0,708 | – | 0,459 | 1,541 |

**Tabela A.3** Fatores para construção de gráficos de controle para variáveis – gráficos de controle para o nível do processo – gráfico da média e gráfico da mediana

|   | Gráfico da média ||| Gráfico da mediana |||
|---|---|---|---|---|---|---|
|   | Fatores para os limites de controle ||| Fatores para os limites de controle |||
| $n$ | $A$ | $A_2$ | $A_3$ | $h_n$ | $H_3$ | $H_4$ |
| 2  | 2,121 | 1,880 | 2,659 | 0,886 | 4,176 | 2,954 |
| 3  | 1,732 | 1,023 | 1,954 | 0,724 | 3,070 | 1,607 |
| 4  | 1,500 | 0,729 | 1,628 | 0,627 | 2,557 | 1,144 |
| 5  | 1,342 | 0,577 | 1,427 | 0,560 | 2,242 | 0,906 |
| 6  | 1,225 | 0,483 | 1,287 | 0,512 | 2,022 | 0,759 |
| 7  | 1,339 | 0,419 | 1,182 | 0,474 | 1,856 | 0,659 |
| 8  | 1,061 | 0,373 | 1,099 | 0,443 | 1,727 | 0,585 |
| 9  | 1,000 | 0,337 | 1,032 | 0,418 | 1,621 | 0,529 |
| 10 | 0,949 | 0,308 | 0,975 | 0,396 | 1,532 | 0,484 |
| 11 | 0,905 | 0,285 | 0,927 | 0,378 | 1,457 | 0,448 |
| 12 | 0,866 | 0,266 | 0,886 | 0,362 | 1,392 | 0,418 |
| 13 | 0,832 | 0,249 | 0,850 | 0,348 | 1,334 | 0,392 |
| 14 | 0,802 | 0,235 | 0,817 | 0,335 | 1,284 | 0,370 |
| 15 | 0,775 | 0,223 | 0,789 | 0,324 | 1,239 | 0,350 |
| 16 | 0,750 | 0,212 | 0,763 | 0,313 | 1,198 | 0,334 |
| 17 | 0,728 | 0,203 | 0,739 | 0,304 | 1,161 | 0,319 |
| 18 | 0,707 | 0,194 | 0,718 | 0,295 | 1,127 | 0,305 |
| 19 | 0,688 | 0,187 | 0,698 | 0,288 | 1,096 | 0,293 |
| 20 | 0,671 | 0,180 | 0,680 | 0,280 | 1,068 | 0,282 |
| 21 | 0,655 | 0,173 | 0,663 | 0,273 | 1,041 | 0,272 |
| 22 | 0,640 | 0,167 | 0,647 | 0,267 | 1,017 | 0,263 |
| 23 | 0,626 | 0,162 | 0,633 | 0,261 | 0,994 | 0,255 |
| 24 | 0,612 | 0,157 | 0,619 | 0,256 | 0,972 | 0,247 |
| 25 | 0,600 | 0,153 | 0,606 | 0,251 | 0,952 | 0,240 |

**Tabela A.4** Fatores para construção de gráficos de controle para variáveis – gráficos de controle para dispersão do processo

| | | Fatores para os limites de controle | | |
|---|---|---|---|---|
| | | \multicolumn{3}{c}{Gráfico} | | |
| $n$ | $\xi_n$ | Amplitude $E_2$ | Desvio padrão $E_3$ | Variância $E_6$ |
|---|---|---|---|---|
| 2 | 0,562 | 4,551 | 3,218 | 13,433 |
| 3 | 0,845 | 3,154 | 1,645 | 4,202 |
| 4 | 0,962 | 2,744 | 1,213 | 2,647 |
| 5 | 0,987 | 2,626 | 1,037 | 2,178 |
| 6 | 1,061 | 2,398 | 0,870 | 1,685 |
| 7 | 1,112 | 2,248 | 0,761 | 1,401 |
| 8 | 1,136 | 2,165 | 0,693 | 1,243 |
| 9 | 1,142 | 2,122 | 0,646 | 1,150 |
| 10 | 1,171 | 2,042 | 0,595 | 1,031 |
| 11 | 1,190 | 1,985 | 0,556 | 0,947 |
| 12 | 1,203 | 1,941 | 0,525 | 0,884 |
| 13 | 1,206 | 1,916 | 0,502 | 0,842 |
| 14 | 1,224 | 1,870 | 0,476 | 0,785 |
| 15 | 1,232 | 1,841 | 0,456 | 0,747 |
| 16 | 1,234 | 1,823 | 0,440 | 0,719 |
| 17 | 1,240 | 1,800 | 0,424 | 0,690 |
| 18 | 1,248 | 1,775 | 0,409 | 0,661 |
| 19 | 1,253 | 1,756 | 0,396 | 0,637 |
| 20 | 1,258 | 1,738 | 0,385 | 0,615 |
| 21 | 1,261 | 1,723 | 0,373 | 0,597 |
| 22 | 1,264 | 1,709 | 0,364 | 0,579 |
| 23 | 1,270 | 1,691 | 0,354 | 0,561 |
| 24 | 1,274 | 1,677 | 0,345 | 0,545 |
| 25 | 1,274 | 1,668 | 0,339 | 0,534 |

# Anexo B

# Tabela Utilizada para Exercícios Resolvidos

**Tabela B.1** Dados de teor de flúor de um processo químico

| Amostra ($j$) | Subgrupos ($i$) 1 | 2 | 3 | 4 | 5 | Variância ($S_j^2$) | Desvio padrão ($S_j$) | Amplitude ($R_j$) | $IQ_j$ | Média ($\bar{X}_j$) | Mediana ($\tilde{X}_j$) |
|---|---|---|---|---|---|---|---|---|---|---|---|
| 1 | 1,70 | 1,71 | 1,78 | 1,94 | 1,58 | 0,0174 | 0,1320 | 0,3600 | 0,0800 | 1,7420 | 1,7100 |
| 2 | 1,88 | 2,04 | 1,66 | 2,10 | 1,59 | 0,0508 | 0,2253 | 0,5100 | 0,3800 | 1,8540 | 1,8800 |
| 3 | 1,80 | 2,26 | 1,52 | 1,79 | 1,76 | 0,0721 | 0,2685 | 0,7400 | 0,0400 | 1,8260 | 1,7900 |
| 4 | 1,82 | 1,94 | 1,58 | 1,84 | 1,90 | 0,0197 | 0,1403 | 0,3600 | 0,0800 | 1,8160 | 1,8400 |
| 5 | 1,65 | 1,96 | 1,60 | 1,62 | 1,70 | 0,0216 | 0,1469 | 0,3600 | 0,0800 | 1,7060 | 1,6500 |
| 6 | 1,82 | 2,04 | 1,61 | 1,93 | 1,80 | 0,0258 | 0,1605 | 0,4300 | 0,1300 | 1,8400 | 1,8200 |
| 7 | 1,90 | 1,75 | 1,43 | 1,83 | 2,03 | 0,0506 | 0,2250 | 0,6000 | 0,1500 | 1,7880 | 1,8300 |
| 8 | 1,71 | 1,74 | 1,40 | 1,90 | 1,79 | 0,0349 | 0,1867 | 0,5000 | 0,0800 | 1,7080 | 1,7400 |
| 9 | 1,68 | 2,21 | 1,80 | 1,55 | 1,88 | 0,0621 | 0,2493 | 0,6600 | 0,2000 | 1,8240 | 1,8000 |
| 10 | 2,02 | 1,93 | 1,89 | 1,53 | 2,00 | 0,0397 | 0,1993 | 0,4900 | 0,1100 | 1,8740 | 1,9300 |
| 11 | 2,06 | 1,97 | 1,86 | 1,80 | 1,86 | 0,0108 | 0,1039 | 0,2600 | 0,1100 | 1,9100 | 1,8600 |
| 12 | 1,82 | 1,75 | 1,64 | 2,08 | 1,99 | 0,0318 | 0,1784 | 0,4400 | 0,2400 | 1,8560 | 1,8200 |
| 13 | 1,67 | 1,68 | 1,87 | 1,86 | 1,89 | 0,0119 | 0,1092 | 0,2200 | 0,1900 | 1,7940 | 1,8600 |
| 14 | 2,25 | 1,85 | 2,12 | 1,89 | 1,71 | 0,0473 | 0,2174 | 0,5400 | 0,2700 | 1,9640 | 1,8900 |
| 15 | 1,93 | 1,82 | 1,72 | 1,81 | 1,72 | 0,0076 | 0,0869 | 0,2100 | 0,1000 | 1,8000 | 1,8100 |
| | | | | | Total | 0,5041 | 2,6296 | 6,6800 | 2,2400 | 27,3020 | 27,2300 |

**Nota:** Os valores de $S_j^2, S_j, R_j, IQ_j, \bar{X}_j$ e $\tilde{X}_j$ para cada amostra foram obtidos a partir das Equações (3.4), (3.9), (3.18), (3.26), (3.5) e (3.34), respectivamente.

# Anexo C

# Tabelas para Resolução dos Exercícios Propostos

**Tabela C.1** Temperatura (°C) do óleo de misturadores em 25 amostras de tamanho 8 de um processo metalúrgico

| Amostra ($j$) | \multicolumn{8}{c}{Subgrupo amostral ($i$)} |||||||||
|---|---|---|---|---|---|---|---|---|
|  | 1 | 2 | 3 | 4 | 5 | 6 | 7 | 8 |
| 1 | 250,00 | 249,56 | 249,00 | 251,29 | 248,33 | 249,00 | 249,75 | 248,33 |
| 2 | 249,20 | 248,38 | 248,11 | 247,88 | 248,89 | 249,00 | 249,60 | 249,89 |
| 3 | 249,89 | 253,00 | 249,00 | 248,25 | 249,56 | 248,00 | 248,67 | 249,56 |
| 4 | 250,00 | 249,56 | 249,00 | 250,00 | 249,78 | 251,78 | 249,00 | 248,44 |
| 5 | 250,50 | 248,00 | 248,00 | 249,78 | 249,67 | 250,56 | 250,00 | 248,14 |
| 6 | 248,20 | 250,00 | 249,00 | 249,00 | 248,00 | 248,33 | 248,25 | 248,33 |
| 7 | 247,88 | 252,37 | 248,44 | 247,35 | 247,69 | 251,16 | 251,61 | 251,13 |
| 8 | 248,50 | 253,00 | 249,22 | 249,38 | 250,22 | 249,38 | 250,56 | 246,83 |
| 9 | 251,00 | 251,00 | 252,67 | 248,50 | 250,78 | 251,88 | 252,00 | 249,00 |
| 10 | 250,50 | 249,00 | 249,83 | 249,38 | 248,17 | 249,00 | 249,00 | 250,00 |
| 11 | 251,00 | 248,78 | 249,33 | 249,14 | 249,00 | 248,75 | 248,67 | 249,44 |
| 12 | 248,56 | 248,00 | 252,00 | 247,25 | 247,00 | 247,38 | 250,11 | 248,89 |
| 13 | 251,89 | 247,67 | 251,78 | 247,67 | 251,11 | 250,44 | 248,71 | 247,56 |
| 14 | 250,17 | 251,78 | 248,00 | 251,89 | 251,67 | 250,00 | 252,89 | 250,00 |
| 15 | 250,00 | 250,63 | 251,33 | 251,33 | 251,00 | 250,78 | 249,33 | 251,25 |
| 16 | 247,00 | 249,89 | 250,00 | 247,67 | 249,67 | 248,60 | 249,67 | 249,71 |
| 17 | 252,00 | 248,78 | 250,00 | 249,00 | 250,00 | 251,75 | 250,00 | 251,00 |
| 18 | 251,56 | 249,00 | 251,00 | 251,00 | 248,00 | 248,00 | 250,00 | 249,89 |
| 19 | 249,50 | 248,33 | 248,78 | 249,00 | 250,25 | 249,00 | 249,80 | 250,33 |
| 20 | 248,40 | 247,22 | 250,00 | 248,25 | 251,11 | 248,50 | 251,11 | 251,00 |
| 21 | 249,22 | 246,00 | 251,00 | 250,00 | 248,00 | 249,13 | 247,00 | 248,89 |
| 22 | 248,00 | 251,00 | 249,22 | 247,13 | 249,11 | 249,67 | 249,11 | 249,67 |
| 23 | 248,32 | 248,11 | 250,22 | 250,63 | 251,00 | 250,33 | 253,44 | 251,00 |
| 24 | 251,00 | 251,67 | 252,00 | 250,75 | 251,17 | 248,33 | 250,14 | 248,63 |
| 25 | 251,14 | 250,38 | 251,00 | 248,67 | 252,57 | 249,78 | 251,33 | 251,44 |

**Tabela C.2**  Dados do teor de sódio (Na) de um processo químico

| Amostra ($j$) | Subgrupo amostral |||||
| --- | --- | --- | --- | --- | --- |
|  | 1 | 2 | 3 | 4 | 5 |
| 1  | 0,54 | 0,58 | 0,59 | 0,52 | 0,55 |
| 2  | 0,58 | 0,52 | 0,62 | 0,54 | 0,72 |
| 3  | 0,54 | 0,52 | 0,56 | 0,57 | 0,48 |
| 4  | 0,54 | 0,58 | 0,50 | 0,54 | 0,61 |
| 5  | 0,53 | 0,52 | 0,52 | 0,55 | 0,56 |
| 6  | 0,54 | 0,56 | 0,56 | 0,54 | 0,46 |
| 7  | 0,63 | 0,54 | 0,61 | 0,55 | 0,47 |
| 8  | 0,53 | 0,52 | 0,57 | 0,63 | 0,58 |
| 9  | 0,52 | 0,56 | 0,60 | 0,58 | 0,50 |
| 10 | 0,63 | 0,62 | 0,55 | 0,65 | 0,52 |
| 11 | 0,58 | 0,53 | 0,51 | 0,61 | 0,53 |
| 12 | 0,53 | 0,53 | 0,52 | 0,70 | 0,62 |
| 13 | 0,55 | 0,52 | 0,57 | 0,57 | 0,63 |
| 14 | 0,63 | 0,56 | 0,50 | 0,55 | 0,63 |
| 15 | 0,56 | 0,57 | 0,54 | 0,59 | 0,48 |
| 16 | 0,54 | 0,56 | 0,54 | 0,60 | 0,46 |
| 17 | 0,59 | 0,55 | 0,61 | 0,52 | 0,49 |
| 18 | 0,64 | 0,57 | 0,55 | 0,55 | 0,56 |
| 19 | 0,54 | 0,68 | 0,60 | 0,58 | 0,55 |
| 20 | 0,59 | 0,54 | 0,61 | 0,58 | 0,49 |
| 21 | 0,56 | 0,57 | 0,57 | 0,63 | 0,57 |
| 22 | 0,53 | 0,63 | 0,57 | 0,56 | 0,58 |
| 23 | 0,55 | 0,54 | 0,56 | 0,70 | 0,56 |
| 24 | 0,57 | 0,56 | 0,57 | 0,51 | 0,50 |
| 25 | 0,54 | 0,55 | 0,55 | 0,57 | 0,50 |

**Tabela C.3** Dados de 34 amostras de tamanho 100 de um processo produtivo de canetas

| Amostra ($j$) | Nº de unidades não conformes ($d_j$) | Amostra ($j$) | Nº de unidades não conformes ($d_j$) |
|---|---|---|---|
| 1 | 8 | 18 | 5 |
| 2 | 8 | 19 | 4 |
| 3 | 5 | 20 | 5 |
| 4 | 2 | 21 | 3 |
| 5 | 5 | 22 | 8 |
| 6 | 7 | 23 | 2 |
| 7 | 2 | 24 | 6 |
| 8 | 5 | 25 | 2 |
| 9 | 3 | 26 | 5 |
| 10 | 12 | 27 | 6 |
| 11 | 3 | 28 | 9 |
| 12 | 6 | 29 | 2 |
| 13 | 2 | 30 | 3 |
| 14 | 7 | 31 | 9 |
| 15 | 8 | 32 | 7 |
| 16 | 3 | 33 | 5 |
| 17 | 3 | 34 | 4 |

**Tabela C.4** Dados de 34 amostras de tamanho variável $n_j$ de um processo produtivo de canetas

| Amostra ($j$) | Nº de unidades não conformes ($d_j$) | $n_j$ | Amostra ($j$) | Nº de unidades não conformes ($d_j$) | $n_j$ |
|---|---|---|---|---|---|
| 1 | 8 | 98 | 18 | 5 | 83 |
| 2 | 8 | 75 | 19 | 4 | 84 |
| 3 | 5 | 80 | 20 | 5 | 85 |
| 4 | 2 | 95 | 21 | 3 | 94 |
| 5 | 5 | 92 | 22 | 8 | 96 |
| 6 | 7 | 98 | 23 | 2 | 87 |
| 7 | 2 | 78 | 24 | 6 | 82 |
| 8 | 5 | 86 | 25 | 2 | 81 |
| 9 | 3 | 83 | 26 | 5 | 82 |
| 10 | 12 | 89 | 27 | 6 | 83 |
| 11 | 3 | 75 | 28 | 9 | 89 |
| 12 | 6 | 82 | 29 | 2 | 78 |
| 13 | 2 | 91 | 30 | 3 | 64 |
| 14 | 7 | 96 | 31 | 9 | 85 |
| 15 | 8 | 97 | 32 | 7 | 89 |
| 16 | 3 | 80 | 33 | 5 | 78 |
| 17 | 3 | 78 | 34 | 4 | 94 |

**Tabela C.5** Dados de 30 amostras de tamanho 8, do processo de fabricação de panelas

| Amostra ($j$) | $c_j$ | Amostra ($j$) | $c_j$ |
|---|---|---|---|
| 1 | 3 | 16 | 2 |
| 2 | 6 | 17 | 6 |
| 3 | 5 | 18 | 9 |
| 4 | 10 | 19 | 4 |
| 5 | 6 | 20 | 5 |
| 6 | 10 | 21 | 6 |
| 7 | 5 | 22 | 8 |
| 8 | 4 | 23 | 9 |
| 9 | 3 | 24 | 4 |
| 10 | 12 | 25 | 14 |
| 11 | 10 | 26 | 13 |
| 12 | 2 | 27 | 10 |
| 13 | 7 | 28 | 9 |
| 14 | 8 | 29 | 8 |
| 15 | 4 | 30 | 5 |

**Tabela C.6** Dados de 30 amostras de tamanho variável $n_j$ do processo de fabricação de panelas

| Amostra ($j$) | $c_j$ | $n_j$ | Amostra ($j$) | $c_j$ | $n_j$ |
|---|---|---|---|---|---|
| 1 | 3 | 5 | 16 | 2 | 5 |
| 2 | 6 | 6 | 17 | 6 | 8 |
| 3 | 5 | 8 | 18 | 9 | 9 |
| 4 | 10 | 8 | 19 | 4 | 6 |
| 5 | 6 | 6 | 20 | 5 | 7 |
| 6 | 10 | 8 | 21 | 6 | 8 |
| 7 | 5 | 4 | 22 | 8 | 7 |
| 8 | 4 | 5 | 23 | 9 | 6 |
| 9 | 3 | 6 | 24 | 4 | 6 |
| 10 | 12 | 8 | 25 | 14 | 7 |
| 11 | 10 | 7 | 26 | 13 | 9 |
| 12 | 2 | 9 | 27 | 10 | 4 |
| 13 | 7 | 4 | 28 | 9 | 8 |
| 14 | 8 | 6 | 29 | 8 | 7 |
| 15 | 4 | 2 | 30 | 5 | 6 |

**Tabela C.7**  Dados de um processo químico em 30 amostras de tamanho 1

| Amostra (j) | pH da água (H$_2$O) | pH do cloreto de potássio (KCl) |
|---|---|---|
| 1 | 4,90 | 4,03 |
| 2 | 4,89 | 4,02 |
| 3 | 5,23 | 4,30 |
| 4 | 4,84 | 4,06 |
| 5 | 5,86 | 4,61 |
| 6 | 5,24 | 4,25 |
| 7 | 5,18 | 4,27 |
| 8 | 4,99 | 4,15 |
| 9 | 4,92 | 3,98 |
| 10 | 5,24 | 4,35 |
| 11 | 4,82 | 4,03 |
| 12 | 4,80 | 4,06 |
| 13 | 5,02 | 4,05 |
| 14 | 4,48 | 4,56 |
| 15 | 5,22 | 4,47 |
| 16 | 5,46 | 4,41 |
| 17 | 5,83 | 4,62 |
| 18 | 5,25 | 4,18 |
| 19 | 4,89 | 4,23 |
| 20 | 5,18 | 4,39 |
| 21 | 5,14 | 4,20 |
| 22 | 4,43 | 4,68 |
| 23 | 4,56 | 4,70 |
| 24 | 5,23 | 3,98 |
| 25 | 4,57 | 4,00 |
| 26 | 5,00 | 4,55 |
| 27 | 4,82 | 4,04 |
| 28 | 4,76 | 3,97 |
| 29 | 5,85 | 4,75 |
| 30 | 4,75 | 4,03 |

**Tabela C.8**  Dados do teor de elementos químicos resultantes de análises de laboratório em 30 amostras de tamanho 1

| Amostra (j) | Magnésio (Mg) | Ferro (Fe) | Fósforo (P) | Potássio (K) | Cálcio (Ca) | Alumínio (Al) | Vanádio (V) |
|---|---|---|---|---|---|---|---|
| 1 | 0,35 | 0,169 | 6,89 | 0,18 | 0,30 | 0,70 | 23,59 |
| 2 | 0,20 | 0,200 | 9,19 | 0,10 | 0,70 | 0,40 | 19,19 |
| 3 | 0,40 | 0,192 | 4,67 | 0,13 | 0,90 | 0,30 | 25,83 |
| 4 | 0,50 | 0,183 | 7,95 | 0,07 | 0,20 | 0,50 | 21,64 |
| 5 | 0,60 | 0,185 | 6,90 | 0,20 | 1,10 | 1,20 | 18,83 |
| 6 | 0,05 | 0,201 | 10,11 | 0,08 | 0,80 | 0,70 | 25,82 |
| 7 | 0,10 | 0,175 | 7,54 | 0,07 | 1,40 | 0,90 | 23,03 |
| 8 | 0,10 | 0,168 | 5,54 | 0,04 | 1,00 | 0,10 | 29,16 |
| 9 | 0,30 | 0,205 | 4,46 | 0,05 | 0,80 | 0,60 | 18,88 |
| 10 | 0,30 | 0,193 | 9,05 | 0,15 | 0,20 | 1,10 | 20,68 |
| 11 | 0,50 | 0,201 | 6,17 | 0,13 | 0,60 | 0,80 | 19,10 |
| 12 | 0,20 | 0,194 | 6,08 | 0,04 | 0,50 | 0,60 | 22,33 |
| 13 | 0,00 | 0,158 | 9,34 | 0,04 | 0,80 | 0,30 | 28,86 |
| 14 | 0,50 | 0,195 | 11,91 | 0,19 | 1,20 | 0,12 | 24,09 |
| 15 | 0,20 | 0,180 | 10,94 | 0,04 | 0,40 | 0,90 | 23,15 |
| 16 | 0,10 | 0,177 | 4,39 | 0,07 | 1,20 | 0,30 | 22,00 |
| 17 | 0,20 | 0,206 | 8,60 | 0,14 | 0,90 | 0,20 | 25,34 |
| 18 | 0,30 | 0,168 | 10,06 | 0,07 | 0,40 | 0,60 | 18,00 |
| 19 | 0,00 | 0,174 | 6,35 | 0,15 | 1,00 | 0,90 | 24,05 |
| 20 | 0,40 | 0,184 | 4,26 | 0,06 | 0,70 | 0,40 | 27,92 |
| 21 | 0,40 | 0,210 | 3,31 | 0,03 | 1,60 | 0,60 | 25,54 |
| 22 | 0,50 | 0,195 | 4,55 | 0,11 | 0,60 | 0,80 | 20,63 |
| 23 | 0,20 | 0,180 | 9,78 | 0,04 | 1,60 | 1,20 | 28,17 |
| 24 | 0,10 | 0,202 | 3,27 | 0,03 | 0,50 | 1,10 | 22,98 |
| 25 | 0,00 | 0,206 | 2,26 | 0,03 | 0,15 | 0,90 | 13,73 |
| 26 | 0,15 | 0,180 | 5,93 | 0,17 | 0,55 | 0,55 | 20,65 |
| 27 | 0,35 | 0,207 | 4,28 | 0,09 | 0,85 | 0,85 | 22,49 |
| 28 | 0,25 | 0,192 | 1,75 | 0,13 | 0,25 | 0,95 | 16,00 |
| 29 | 0,10 | 0,170 | 8,57 | 0,12 | 1,15 | 0,15 | 25,89 |
| 30 | 0,20 | 0,191 | 2,12 | 0,05 | 0,20 | 0,45 | 21,25 |

# Referências

BANKS, J. *Principles of quality control*. New York: John Wiley & Sons, 1989.

BRAVO, P. C. Controle estatístico de qualidade. In: REUNIÃO ANUAL DA REGIÃO BRASILEIRA DA SOCIEDADE INTERNACIONAL DE BIOMETRIA (RBRAS), 40., 1995, Ribeirão Preto; SIMPÓSIO DE ESTATÍSTICA APLICADA À EXPERIMENTAÇÃO AGRONÔMICA (SEAGRO), 6., 1995, Ribeirão Preto. *Anais da 40ª RBRAS e 6º SEAGRO*. Ribeirão Preto: UNESP, 1995.

GARVIN, J. S. *Competing in the eight dimensions of quality*. Boston: Harvard Business Review, 1987.

KOTZ, S.; JOHNSON, N. L. *Process capability indices*. London: Chapman & Hall, 1993.

KOTZ, S.; LOVELACE, C. R. *Process capability indices in theory and practice*. New York: Arnold, 1998.

KUME, H. *Métodos estatísticos para melhoria da qualidade*. São Paulo: Gente, 1993.

LIKERT, R. *A technique for the measurement of attitudes*. New York: Archives of Psychology, 1932.

MONTGOMERY, D. C. *Introdução ao controle estatístico da qualidade*. 4. ed. Rio de Janeiro: LTC, 2004.

MORETTIN, L. G. *Estatística básica – Volume único – Probabilidade e inferência*. São Paulo: Pearson, 2009.

MITTAG, H. J.; RINNE, H. *Statistical methods of quality assurance*. London: Chapman & Hall, 1993.

NELSON, L. S. The Shewhart control chart: tests for special causes. *Journal of Quality Technology*, v. 16, n. 4, p. 237-239, 1984.

PRAZERES, P. M. *Dicionário de termos da qualidade*. São Paulo: Atlas, 1996.

STIGLER, S. M. *The history of statistics*: The measurement of uncertainty before 1900. Cambridge: Belknap, 1986.

WERKEMA, M. C. C. *As ferramentas da qualidade no gerenciamento de processos*. Belo Horizonte: Fundação Christiano Ottoni, 1995.

# Respostas dos Exercícios

## Capítulo 2

1. Suponha um hospital cujos servidores são médicos, enfermeiros, farmacêuticos, atendentes e serviços gerais. Neste caso, a pesquisa seria estratificada por cada um desses tipos de servidores. Outra opção seria estratificar os servidores por gênero (masculino e feminino) ou por faixa etária (de 18 a 22 anos, de 23 a 27 anos, etc.).
2. Considerando que a embalagem de leite possa ser de plástico, papelão, metal e vidro, estes seriam os estratos a serem considerados. Outra forma seria a estratificação por defeito, por exemplo, amassado, quebrado, trincado, sujo, sem rótulo, etc.

3.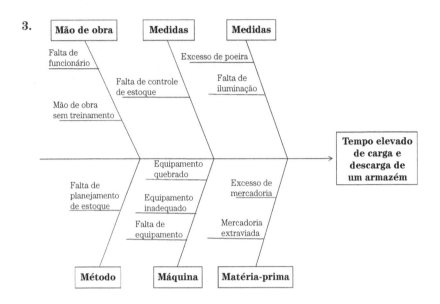

4.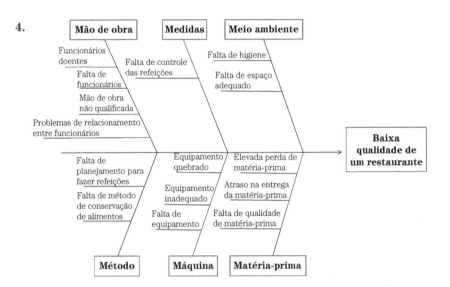

**5.**

| Clínica: | | | | | Data: | |
|---|---|---|---|---|---|---|
| Médico: | | | | | Idade: | |
| Faixa etária | Tipo de ciclo menstrual | | | | | Total |
| | Fraco | Regular | Intenso | Com dor | Outros | |
| < 12 anos | | | | | | |
| 12 a 18 anos | | | | | | |
| 19 a 25 anos | | | | | | |
| 26 a 30 anos | | | | | | |
| 31 a 45 anos | | | | | | |
| > 45 anos | | | | | | |
| Total | | | | | | |

**6.**

| Nº da unidade da rede: | | |
|---|---|---|
| Gerente: | | |
| Período: | | |
| Itens | Nº de funcionários | Subtotal |
| Faltas | | |
| Atraso | | |
| Saída antecipada | | |
| | Total | |

**7.**

| Folha de localização de defeitos nas embalagens | | | | | |
|---|---|---|---|---|---|
| Empresa: | | | | | |
| Responsável: | | | | | |
| Período de análise: | | | | | |
| Defeito | Tipo de embalagem | | | | Total |
| | Plástico | Papelão | Metal | Vidro | |
| Amassado | | | | | |
| Quebrado | | | | | |
| Oxidado | | | | | |
| Trincado | | | | | |
| Vazado | | | | | |
| Sujo | | | | | |
| Sem rótulo | | | | | |
| Total | | | | | |

**8.**

| Folha de localização de defeitos nas embalagens | | | | | | |
|---|---|---|---|---|---|---|
| Empresa: | | | | | | |
| Responsável: | | | | | | |
| Período: | | | | | | |
| Tipo de problema | Dias | | | | | Total |
| | Segunda | Terça | Quarta | Quinta | Sexta | |
| Falta de papel | | | | | | |
| Falta de *toner* | | | | | | |
| Cópias claras | | | | | | |
| Cópias escuras | | | | | | |
| Separador de cópias não funciona | | | | | | |
| Alimentador de documentos com defeito | | | | | | |
| Outros | | | | | | |
| Total | | | | | | |

**9.**

| Empresa: | | |
|---|---|---|
| Produto: | | |
| Responsável: | | Data: |
| Espessura da peça | Número de cerâmicas | Frequência |
| 6,0 | | |
| 6,1 | | |
| 6,2 | | |
| 6,3 | | |
| 6,4 | | |
| 6,5 | | |
| 6,6 | | |
| 6,7 | | |
| 6,8 | | |
| 6,9 | | |
| 7,0 | | |
| 7,1 | | |
| 7,2 | | |
| 7,3 | | |
| 7,4 | | |
| 7,5 | | |
| 7,6 | | |
| 7,7 | | |
| 7,8 | | |
| 7,9 | | |
| 8,0 | | |
| | | Total |

(Número de cerâmicas marcado com escala de 5 e 10.)

**10.**

| Título do livro: | | |
|---|---|---|
| Responsável: | | Data: |
| Tipo de defeito | Quantidade de livros | Subtotal |
| Páginas grudadas | | |
| Capa rasgada | | |
| Falta de capa | | |
| Letras apagadas | | |
| Sem algumas folhas | | |
| Páginas manchadas | | |
| | Total | |

**11.**

| Nome do hospital: | | |
|---|---|---|
| Nome da lavanderia: | | |
| Inspetor: | | Data: |
| Tipo de defeito | Quantidade de roupas | Subtotal |
| Manchas | | |
| Queimaduras | | |
| Rasgões | | |
| Sujeiras | | |
| Amassos | | |
| | Total | |

Respostas dos Exercícios **145**

**12.**

| Folha de verificação de defeitos em refrigeradores ||
|---|---|
| Empresa: | Data: |
| Modelo do produto: | Inspetor: |
| Esquema ||

*Esquema: refrigerador com indicações — Superior, Costas, Lateral esquerda, Lateral direita, Frontal, Inferior.*

| Matriz de localização de defeitos |||||||
|---|---|---|---|---|---|---|
| Partes | Lote 1 | Lote 2 | Lote 3 | Lote 4 | Lote 5 | Total |
| Lateral esquerda | | | | | | |
| Lateral direita | | | | | | |
| Superior | | | | | | |
| Inferior | | | | | | |
| Frontal | | | | | | |
| Costas | | | | | | |
| Total | | | | | | |

**13.**

| Folha de localização de defeitos em talheres ||
|---|---|
| Nº do produto: | Data: |
| Material: | Inspetor: |
| Fabricante: ||
| Esquema ||

*Esquema: faca com indicações — CABO e AÇO.*

| Matriz de localização de defeitos ||||||
|---|---|---|---|---|---|
| Partes | Lote 1 | Lote 2 | Lote 3 | Lote 4 | Total |
| Cabo | | | | | |
| Aço | | | | | |
| Total | | | | | |

**14.**

Empresa:
Inspetor:

| Equipamento | Operadora de caixa | Domingo | | Segunda | | Terça | | Quarta | | Quinta | | Sexta | | Sábado | | Subtotal | Total |
|---|---|---|---|---|---|---|---|---|---|---|---|---|---|---|---|---|---|
| | | Conf. | Não conf. | Conf. | Não conf. | Conf. | Não conf. | Conf. | Não conf. | Conf. | Não conf. | Conf. | Não conf. | Conf. | Não conf. | | |
| Máquina 1 | A | | | | | | | | | | | | | | | | |
| | B | | | | | | | | | | | | | | | | |
| Máquina 2 | C | | | | | | | | | | | | | | | | |
| | D | | | | | | | | | | | | | | | | |
| Subtotal | | | | | | | | | | | | | | | | | |
| Total | | | | | | | | | | | | | | | | | |

Dias da semana

**15.**

| Nº: | | | | Data: | |
|---|---|---|---|---|---|
| Restaurante Bom de Bélem | | | | | |
| Dê sua opinião | | | | | |
| | Péssimo | Ruim | Regular | Bom | Ótimo |
| Atendimento | ☹ | 😕 | 😐 | 🙂 | 😃 |
| Instalações | ☹ | 😕 | 😐 | 🙂 | 😃 |
| Localização | ☹ | 😕 | 😐 | 🙂 | 😃 |
| Diversidade de produto | ☹ | 😕 | 😐 | 🙂 | 😃 |
| Infraestrutura | ☹ | 😕 | 😐 | 🙂 | 😃 |

Sugestão: _____

**16.**

| Nome do café: | | Nº: | |
|---|---|---|---|
| Dê sua opinião | | Data: | |
| | Insatisfeito | Indeciso | Satisfeito |
| Aroma | ☹ | 😐 | 😃 |
| Sabor | ☹ | 😐 | 😃 |
| Embalagem | ☹ | 😐 | 😃 |
| Pureza | ☹ | 😐 | 😃 |
| Preço | ☹ | 😐 | 😃 |

Sugestão: _____

17.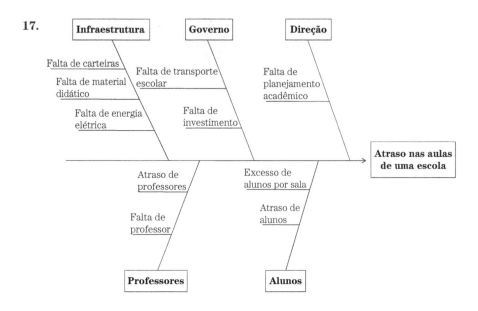

18.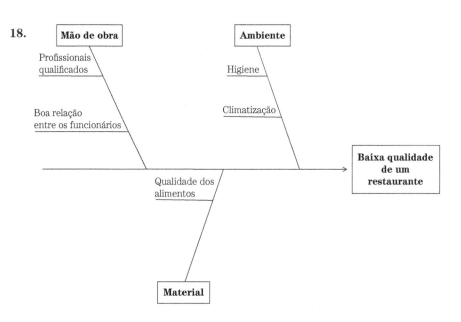

## Respostas dos Exercícios

**19.**

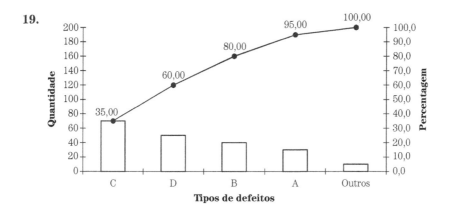

**20.**

| Causas | Quantidade | % causas | % acumulado |
|---|---|---|---|
| Histórico incompleto | 48 | 53,33 | 53,33 |
| Liberação médica | 18 | 20,00 | 73,33 |
| Remarcação | 14 | 15,56 | 88,89 |
| Financeiro | 8 | 8,89 | 97,78 |
| Outros | 2 | 2,22 | 100,00 |
| Total | 90 | 100,00 | – |

**21.**

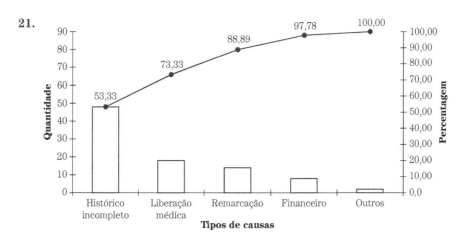

**22.**

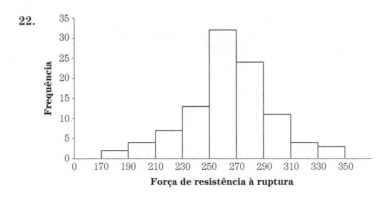

**23.**

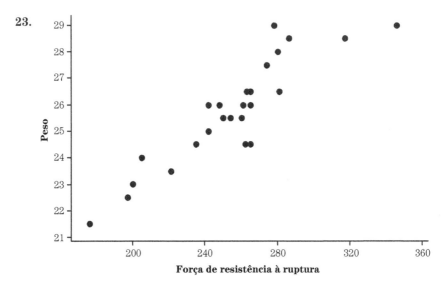

**24.** $r = 0,958$, ou seja, forte correlação linear positiva.

# Capítulo 3

1. $\bar{S}^2 = 1,7576$   2. $S_j = 1,2230$   3. $\bar{S} = 1,3083$   4. $\bar{R} = 1,2863$
5. $\tilde{R} = 1,3149$   6. $\overline{IQ} = 1,3292$   7. $\bar{\bar{X}} = 249,66$   8. $\tilde{\bar{X}} = 249,58$
9. $\bar{\tilde{X}} = 249,68$   10. $\tilde{\tilde{X}} = 249,49$   11. $\bar{S}^2 = 0,0023$   12. $S_j = 0,0595$
13. $\bar{S} = 0,0485$   14. $\bar{R} = 0,0485$   15. $\tilde{R} = 0,0487$   16. $\overline{IQ} = 0,0442$
17. $\bar{\bar{X}} = 0,5608$   18. $\tilde{\bar{X}} = 0,5600$   19. $\bar{\tilde{X}} = 0,5580$   20. $\tilde{\tilde{X}} = 0,5600$

## Capítulo 4

1. a) $LSC = 0,0953; LIC = 0,0000; LC = 0,0456;$ b) $LSA = 0,0704; LIA = 0,0208$.
2. a) $LSC = 2,2918; LIC = 0,2332; LC = 1,2625;$ b) $LSA = 1,7771; LIA = 0,7479$.
3. a) $LSC = 0,0772; LIC = 0,0000; LC = 0,0023;$ b) $LSA = 0,0047; LIA = 0,0000$.
4. a) $LSC = 4,5760; LIC = 0,0000; LC = 1,7576;$ b) $LSA = 3,1668; LIA = 0,3484$.
5. a) $LSC = 6,8262; LIC = 0,4978; LC = 3,6620;$ b) $LSA = 5,2441; LIA = 2,0799$.
6. a) $LSC = 0,2385; LIC = 0,0000; LC = 0,1128;$ b) $LSA = 0,1756; LIA = 0,0500$.
7. a) $LSC = 0,6267; LIC = 0,4965; LC = 0,5616;$ b) $LSA = 0,5941; LIA = 0,5291$.
8. a) $LSC = 251,05; LIC = 248,27; LC = 249,66;$ b) $LSA = 250,35; LIA = 248,97$.
9. a) $LSC = 0,6277; LIC = 0,4955; LC = 0,5616;$ b) $LSA = 0,5947; LIA = 0,5285$.
10. a) $LSC = 251,02; LIC = 248,30; LC = 249,66;$ b) $LSA = 250,34; LIA = 248,98$.
11. a) $LSC = 0,6395; LIC = 0,4765; LC = 0,5580;$ b) $LSA = 0,5987; LIA = 0,5173$.
12. a) $LSC = 251,94; LIC = 247,42; LC = 249,68;$ b) $LSA = 250,81; LIA = 248,55$.
13. a) $LSC = 0,6415; LIC = 0,4785; LC = 0,5600;$ b) $LSA = 0,6007; LIA = 0,5193$.
14. a) $LSC = 251,32; LIC = 247,84; LC = 249,58;$ b) $LSA = 250,45; LIA = 248,71$.
15. a) $LSC = 0,6395; LIC = 0,4765; LC = 0,5580;$ b) $LSA = 0,5987; LIA = 0,5173$.
16. a) $LSC = 251,39; LIC = 247,97; LC = 249,68;$ b) $LSA = 250,53; LIA = 248,83$.
17. a) $LSC = 0,6415; LIC = 0,4785; LC = 0,5600;$ b) $LSA = 0,6007; LIA = 0,5193$.
18. a) $LSC = 251,29; LIC = 247,87; LC = 249,58;$ b) $LSA = 250,43; LIA = 248,73$.
19. $LSC = 0,0953; LIC = 0,0000; LC = 0,0456$. Os valores dos limites superior e inferior calculados a partir da Equação (4.4) coincidem com os do Exercício 1.
20. $LSC = 251,05; LIC = 248,27; LC = 249,66$. Os valores dos limites superior e inferior calculados a partir da Equação (4.8) coincidem com os do Exercício 8.

## Capítulo 5

1. $LSC = 0,1173; LIC = 0,0000; LC = 0,0512$.
2. $LSC = 0,1173; LIC = 0,0000; LC = 0,0512; LSA = 0,0843; LIA = 0,0181$.
3. $LSC = 11,7322; LIC = 0,0000; LC = 5,1200$.
4. $LSC = 11,7322; LIC = 0,0000; LC = 5,1200; LSA = 8,4261; LIA = 1,8139$.
5. $LSC_1 = 0,1310; LIC_1 = 0,0000; LC = 0,0594$.
   $LSC_2 = 0,1413; LIC_2 = 0,0000$.
   $\vdots \qquad \qquad \vdots$
   $LSC_{34} = 0,1325; LIC_{34} = 0,0000$.
6. $LSC_1 = 0,1310; LIC_1 = 0,0000; LC = 0,0594; LSA_1 = 0,0952; LIA_1 = 0,0236$.
   $LSC_2 = 0,1413; LIC_2 = 0,0000; LSA_2 = 0,1003; LIA_2 = 0,0185$.
   $\vdots \qquad \qquad \vdots \qquad \qquad \vdots \qquad \qquad \vdots$
   $LSC_{34} = 0,1325; LIC_{34} = 0,0000; LSA_{34} = 0,0960; LIA_{34} = 0,0228$.

7. $LSC = 0,1361$; $LIC = 0,0000$; $LC = 0,0594$.
8. $LSC = 0,1361$; $LIC = 0,0000$; $LC = 0,0594$; $LSA = 0,0977$; $LIA = 0,0211$.
9. $LSC = 3,0000$; $LIC = -3,0000$; $LC = 0,0000$.
10. $LSC = 3,0000$; $LIC = -3,0000$; $LC = 0,0000$; $LSA = 1,5000$; $LIA = -1,5000$.
11. $LSC_1 = 12,8411$; $LIC_1 = 0,0000$; $LC_1 = 5,8212$.
    $LSC_2 = 10,5961$; $LIC_2 = 0,0000$; $LC_2 = 4,4550$.
    $\vdots$ $\quad\vdots\quad$ $\vdots$
    $LSC_{34} = 12,4587$; $LIC_{34} = 0,0000$; $LC_{34} = 5,5836$.
12. $LSC_1 = 12,8411$; $LIC_1 = 0,0000$; $LC_1 = 5,8212$; $LSA_1 = 9,3311$; $LIA_1 = 0,0000$.
    $LSC_2 = 10,5961$; $LIC_2 = 0,0000$; $LC_2 = 4,4550$; $LSA_2 = 7,5256$; $LIA_2 = 0,0000$.
    $\vdots$ $\quad\vdots\quad$ $\vdots$ $\quad\vdots\quad$ $\vdots$
    $LSC_{34} = 12,4587$; $LIC_{34} = 0,0000$; $LC_{34} = 5,5836$; $LSA_{34} = 9,0212$; $LIA_{34} = 0,0000$.
13. $LSC = 11,6356$; $LIC = 0,0000$; $LC = 5,0787$.
14. $LSC = 11,6356$; $LIC = 0,0000$; $LC = 5,0787$; $LSA = 8,3572$; $LIA = 1,8002$.
15. $LSC = 14,7804$; $LIC = 0,0000$; $LC = 6,9000$.
16. $LSC = 14,7804$; $LIC = 0,0000$; $LC = 6,9000$; $LSA = 10,8402$; $LIA = 2,9598$.
17. $LSC = 1,8475$; $LIC = 0,0000$; $LC = 0,8625$.
18. $LSC = 1,8475$; $LIC = 0,0000$; $LC = 0,8625$; $LSA = 1,3550$; $LIA = 0,3700$.
19. $LSC_1 = 2,5150$; $LIC_1 = 0,0000$; $LC = 1,1048$.
    $LSC_2 = 3,3921$; $LIC_2 = 0,0000$.
    $\vdots$ $\quad\vdots$
    $LSC_{30} = 2,3921$; $LIC_{30} = 0,0000$.
20. $LSC_1 = 2,5150$; $LIC_1 = 0,0000$; $LC = 1,1048$; $LSA_1 = 1,8099$; $LIA_1 = 0,3997$.
    $LSC_2 = 3,3921$; $LIC_2 = 0,0000$; $LSA_2 = 1,7485$; $LIA_2 = 0,04611$.
    $\vdots$ $\quad\vdots\quad$ $\vdots$ $\quad\vdots$
    $LSC_{30} = 2,3921$; $LIC_{30} = 0,0000$; $LSA_{30} = 1,7485$; $LIA_{30} = 0,4611$.
21. $LSC = 2,3416$; $LIC = 0,0000$; $LC = 1,1048$.
22. $LSC = 2,3416$; $LIC = 0,0000$; $LC = 1,1048$; $LSA = 1,7232$; $LIA = 0,4864$.
23. $LSC = 3,0000$; $LIC = -3,0000$; $LC = 0,0000$.
24. $LSC = 3,0000$; $LIC = -3,0000$; $LC = 0,0000$; $LSA = 1,5000$; $LIA = -1,5000$.

## Capítulo 6

1. $LSC = 0,0598$; $LIC = 0,0000$; $LC = 0,0183$.
2. $LSC = 0,0598$; $LIC = 0,0000$; $LC = 0,0183$.
3. $LSC = 0,2370$; $LIC = 0,1393$; $LC = 0,1880$.
4. $LSC = 0,2370$; $LIC = 0,1393$; $LC = 0,1880$; $LSA = 0,2123$; $LIA = 0,1637$.
5. $LSC = 1,3378$; $LIC = 0,0000$; $LC = 0,4093$.
6. $LSC = 1,3372$; $LIC = 0,0000$; $LC = 0,4093$.
7. $LSC = 1,3378$; $LIC = 0,0000$; $LC = 0,4093$; $LSA = 0,8736$; $LIA = 0,0000$.

Respostas dos Exercícios **153**

8. $LSC = 6,1340$; $LIC = 3,9560$; $LC = 5,0450$.
9. $LSC = 0,5383$; $LIC = 0,0000$; $LC = 0,1647$.
10. $LSC = 0,5381$; $LIC = 0,0000$; $LC = 0,1647$.
11. $LSC = 0,6960$; $LIC = 0,0000$; $LC = 0,2580$.
12. $LSC = 0,5381$; $LIC = 0,0000$; $LC = 0,1647$; $LSA = 0,4770$; $LIA = 0,0390$.
13. $LSC = 16,2169$; $LIC = 0,0000$; $LC = 4,9614$.
14. $LSC = 16,2089$; $LIC = 0,0000$; $LC = 4,9614$.
15. $LSC = 16,2169$; $LIC = 0,0000$; $LC = 4,9614$; $LSA = 10,5892$; $LIA = 0,0000$.
16. $LSC = 2,2470$; $LIC = 0,0000$; $LC = 0,7520$.
17. $LSC = 2,2470$; $LIC = 0,0000$; $LC = 0,7520$; $LSA = 1,4990$; $LIA = 0,0050$.
18. $LSC = 9,9693$; $LIC = 0,0000$; $LC = 3,0500$.
19. $LSC = 5,0030$; $LIC = 3,5250$; $LC = 4,2640$.
20. $LSC = 0,2085$; $LIC = 0,0000$; $LC = 0,0638$.
21. $LSC = 1,5940$; $LIC = 0,0000$; $LC = 0,6390$.
22. $LSC = 1,8373$; $LIC = 0,0000$; $LC = 0,5621$.
23. $LSC = 35,8220$; $LIC = 9,4320$; $LC = 22,6270$.

## Capítulo 7

1. a) $\widehat{C}_p = 1,31$; b) $\widehat{C}_p = 1,31$; c) $\widehat{C}_p = 1,30$; d) $\widehat{C}_p = 1,43$.
2. a) $\widehat{P} = 76,58\%$; b) $\widehat{C}_{pu} = 1,57$; c) $\widehat{C}_{pl} = 1,04$; d) $\widehat{C}_{pk} = 1,04$;
   e) $BIP = \{0,41; 0,60\}$ e $BSP = \{0,60; 0,79\}$
3. a) $\widehat{C}_p = 1,34$; b) $\widehat{C}_p = 1,36$; c) $\widehat{C}_p = 1,33$; d) $\widehat{C}_p = 1,32$.
4. a) $\widehat{P} = 74,76\%$; b) $\widehat{C}_{pu} = 1,36$; c) $\widehat{C}_{pl} = 1,31$; d) $\widehat{C}_{pk} = 1,31$;
   e) $BIP = \{244,50; 249,75\}$ e $BSP = \{249,75; 255,00\}$
5. a) $\widehat{C}_p = 1,00$; b) $\widehat{C}_p = 0,87$; c) Para o item (a), o valor de $\widehat{C}_p = 1,00$ indica que a capacidade do processo está dentro da especificação exigida; logo, o processo é considerado amarelo. Para o item (b), o valor de $\widehat{C}_p = 0,87$ indica que a capacidade do processo não está dentro da especificação exigida; logo, o processo é considerado vermelho.
6. a) $\widehat{P} = 99,53\%$; b) $\widehat{C}_{pu} = 1,35$; c) $\widehat{C}_{pl} = 0,66$; d) $\widehat{C}_{pk} = 0,66$;
   e) $BIP = \{0,1600; 0,2000\}$ e $BSP = \{0,2000; 0,2500\}$; f) Para o item (a), o valor de $\widehat{P} = 99,53\%$ indica que o teor de ferro está utilizando 99,53% da área permitida para a sua variabilidade ($LSE - LIE$). Para o item (b) o valor de $\widehat{C}_{pu} = 1,35$ indica que a capacidade da banda superior do processo está dentro da especificação exigida; logo, a banda superior do processo é considerada verde. Para o item (c), o valor de $\widehat{C}_{pl} = 0,66$ indica que a capacidade da banda inferior do processo não está dentro da especificação exigida; logo, a banda inferior do processo é considerada vermelha. Para o item (d), o valor de $\widehat{C}_{pk} = 0,66$ indica que a pior banda do processo é a banda inferior.

# Respostas dos Exercícios

7. a) $\widehat{C}_p = 0,64;$  b) $\widehat{C}_p = 0,66;$  c) Para os itens (a) e (b), os valores de $\widehat{C}_p = 0,64$ e $\widehat{C}_p = 0,66$, respectivamente, indicam que a capacidade do processo não está dentro da especificação exigida; logo, o processo é considerado vermelho.

8. a) $\widehat{P} = 152,25\%;$  b) $\widehat{C}_{pu} = 0,75;$  c) $\widehat{C}_{pl} = 0,56;$  d) $\widehat{C}_{pk} = 0,56;$  e) $BIP = \{4,4300; 5,1500\}$ e $BSP = \{5,1500; 5,8600\}$.

9. a) $\widehat{C}_p = 0,78;$  b) $\widehat{C}_p = 0,86;$  Para os itens (a) e (b), os valores de $\widehat{C}_p = 0,78$ e $\widehat{C}_p = 0,86$, respectivamente, indicam que a capacidade do processo não está dentro da especificação exigida; logo, o processo é considerado vermelho.

10. a) $\widehat{P} = 127,54\%;$  b) $\widehat{C}_{pu} = 1,04;$  c) $\widehat{C}_{pl} = 0,53;$  d) $\widehat{C}_{pk} = 0,53;$  e) $BIP = \{0,0100; 0,3800\}$ e $BSP = \{0,3800; 0,7500\}$.

11. a) $\widehat{C}_p = 1,00;$  b) $\widehat{C}_p = 0,85.$  Para o item (a), o valor de $\widehat{C}_p = 1,00$ indica que a capacidade do processo está dentro da especificação exigida; logo, o processo é considerado amarelo. Para o item (b), o valor de $\widehat{C}_p = 0,85$ indica que a capacidade do processo não está dentro da especificação exigida; logo, o processo é considerado vermelho.

12. a) $\widehat{P} = 117,45\%;$  b) $\widehat{C}_{pu} = 0,57;$  c) $\widehat{C}_{pl} = 1,14;$  d) $\widehat{C}_{pk} = 0,57;$  e) $BIP = \{7,6500; 18,8900\}$ e $BSP = \{18,8900; 30,1200\}$.

13. a) $\widehat{C}_p = 0,71;$  b) $\widehat{C}_p = 0,59.$  Para os itens (a) e (b), os valores de $\widehat{C}_p = 0,71$ e $C_p = 0,59$, respectivamente, indicam que a capacidade do processo não está dentro da especificação exigida; logo, o processo é considerado vermelho.

14. a) $\widehat{P} = 141,26\%;$  b) $\widehat{C}_{pu} = 0,85;$  c) $\widehat{C}_{pl} = 0,57;$  d) $\widehat{C}_{pk} = 0,57;$  e) $BIP = \{0,0500; 0,9300\}$ e $BSP = \{0,9300; 1,8000\}$.

15. a) $\widehat{C}_p = 0,61;$  b) $\widehat{C}_p = 0,63;$  c) Para os itens (a) e (b), os valores de $\widehat{C}_p = 0,61$ e $\widehat{C}_p = 0,63$, respectivamente, indicam que a capacidade do processo não está dentro da especificação exigida, logo o processo é considerado vermelho.

16. a) $\widehat{P} = 159,68\%;$  b) $\widehat{C}_{pu} = 0,66;$  c) $\widehat{C}_{pl} = 0,59;$  d) $\widehat{C}_{pk} = 0,59;$  e) $BIP = \{1,7500; 6,8300\}$ e $BSP = \{6,8300; 11,9100\}$.

17. a) $\widehat{C}_p = 1,45;$  b) $\widehat{C}_p = 1,49.$  c) Para os itens (a) e (b), os valores de $\widehat{C}_p = 1,45$ e $\widehat{C}_p = 1,49$, respectivamente, indicam que a capacidade do processo está dentro da especificação exigida; logo, o processo é considerado verde.

18. a) $\widehat{P} = 68,86\%;$  b) $\widehat{C}_{pu} = 1,30;$  c) $\widehat{C}_{pl} = 1,60;$  d) $\widehat{C}_{pk} = 1,30;$  e) $BIP = \{3,0500; 4,1500\}$ e $BSP = \{4,1500; 5,2500\}$.

19. a) $\widehat{C}_p = 0,54;$  b) $\widehat{C}_p = 0,50;$  c) Para os itens (a) e (b), os valores de $\widehat{C}_p = 0,54$ e $\widehat{C}_p = 0,50$, respectivamente, indicam que a capacidade do processo não está dentro da especificação exigida; logo, o processo é considerado vermelho.

**20.** *a)* $\widehat{P} = 199{,}62\%$;  *b)* $\widehat{C}_{pu} = 0{,}63$;  *c)* $\widehat{C}_{pl} = 0{,}37$;  *d)* $\widehat{C}_{pk} = 0{,}37$;
*e)* $BIP = \{0{,}0300;\ 0{,}1200\}$ e $BSP = \{0{,}1200;\ 0{,}2000\}$.

**21.** *a)* $\widehat{C}_p = 0{,}87$;  *b)* $\widehat{C}_p = 0{,}89$;  *c)* Para os itens $(a)$ e $(b)$, os valores de $\widehat{C}_p = 0{,}87$ e $\widehat{C}_p = 0{,}89$, respectivamente, indicam que a capacidade do processo não está dentro da especificação exigida; logo, o processo é considerado vermelho.

**22.** *a)* $\widehat{P} = 114{,}42\%$;  *b)* $\widehat{C}_{pu} = 1{,}19$;  *c)* $\widehat{C}_{pl} = 0{,}55$;  *d)* $\widehat{C}_{pk} = 0{,}55$;
*e)* $BIP = \{0{,}1000;\ 0{,}9500\}$ e $BSP = \{0{,}9500;\ 1{,}8000\}$.

# Índice

Os números das páginas seguidos pelas letras **f** e **t** referem-se aos termos que se encontram, respectivamente, em figuras ou tabelas.

## C

CEQ *ver* Controle Estatístico da Qualidade
Controle Estatístico da Qualidade, 1-4
   ferramentas básicas do, 5-30

## D

Diagrama de correlação ou diagrama de dispersão, 21
   ausência de correlação linear, 22
      exemplo entre as variáveis $X$ e $Y$, 23f
   cálculo do coeficiente de correlação linear de Pearson, 25
      escala de correlação linear entre as variáveis $X$ e $Y$, 25f
   construção do, 22
      dados de temperatura de reação (°C) e rendimento (%), 24t
   correlação linear negativa, 22
      exemplo entre as variáveis $X$ e $Y$, 23f
   correlação linear positiva, 22
      exemplo entre as variáveis $X$ e $Y$, 23f
      exemplo de um diagrama de dispersão, 24f
Diagrama de dispersão *ver* Diagrama de correlação
Diagrama de Ishikawa, 11
   agrupamentos ou categorias, 11
      mão de obra, 11
      máquina, 11
      matéria-prima, 11
      medida, 12
      meio ambiente, 12
      métodos, 12
   construção do, 12
   exemplo de, 13f, 14f
   processo de construção, 13f

## E

Estatística, 1-4
Estratificação, 5
Exercícios, respostas dos, 141-155

## F

Ferramentas básicas do Controle Estatístico da Qualidade, 5-30
  diagrama de correlação ou diagrama de dispersão, 21
    ausência de correlação linear, 22
      exemplo entre as variáveis $X$ e $Y$, 23f
    cálculo do coeficiente de correlação linear de Pearson, 25
      escala de correlação linear entre as variáveis $X$ e $Y$, 25f
    construção do, 22
      dados de temperatura de reação (°C) e rendimento (%), 24t
    correlação linear negativa, 22
      exemplo entre as variáveis $X$ e $Y$, 23f
    correlação linear positiva, 22
      exemplo entre as variáveis $X$ e $Y$, 23f
    exemplo de um processo químico, 24f
  diagrama de Ishikawa, 11
    construção do, 12
    exemplo de, 13f, 14f
    processo de construção, 13f
  estratificação, 5
  exercícios, 26-30
  folha de verificação, 7
    exemplo para a distribuição do processo de produção, 7, 8f
    exemplo para item defeituoso, 7, 9f
    exemplo para localização de defeitos, 8, 9f
    exemplo de causas, 10, 10f
    exemplo de satisfação do cliente, 10, 11f
  gráfico de Pareto, 13
    análise e utilização do, 16
      exemplo para os tipos de defeitos, 17f
      tipos de defeitos, 17t
    construção do, 14
      folha de verificação dos tipos de defeitos, 15f
      quantidade dos tipos de defeitos, 15t
  histograma, 17
    comparação com limites de especificação, 19
      exemplo de um processo, 20f
      exemplo que não satisfaz o limite inferior, 20f
      exemplo que não satisfaz o limite superior, 21f
      exemplo que não satisfaz os limites superior e inferior, 21f
      exemplo que satisfaz amplamente os limites, 20f
      exemplo que satisfaz os limites, 20f
    construção do, 18
      distribuição de frequência da temperatura (°C), 18t
      exemplo da distribuição de frequência da temperatura (°C), 19f
  Folha de verificação, 7
    exemplo de causas, 10, 10f
    exemplo de satisfação do cliente, 10, 11f
    exemplo para a distribuição do processo de produção, 7, 8f
    exemplo para item defeituoso, 7, 9f
    exemplo para localização de defeitos, 8, 9f

## G

Gráficos de controle
  exercícios, 100
  $np$ para tamanho de subgrupos variáveis, 86
    frações não conformes e número de itens não conformes, 87t
    gráfico de controle $np$ com tamanho variável de amostra, 86, 88, 90f
  gráficos de controle $np$ com tamanho médio de amostra, 88
  para atributos, 75-102
  para fração não conforme ou gráfico $p$ para tamanho de subgrupos fixos, 75
    gráfico de controle $p$ com os limites de advertência, 78f
    número de itens não conformes e frações não conformes, 77t
  para fração não conforme ou gráfico $p$ para tamanho de subgrupos variáveis, 78
    gráfico de controle $p$ com tamanho médio amostral, 82f
    gráfico de controle $p$ com tamanho médio de amostra, 81
    gráfico de controle $p$ com tamanho variável de amostra, 78, 80f

Índice **159**

gráfico de controle padronizado $p$, 82, 84f
número de itens não conformes e frações
   não conformes, 79t, 83t
para número de defeitos ou gráfico $c$, 90
gráfico de controle $c$, 92f
número de não conformidades, 91t
para número de itens não conformes ou
   gráfico $np$ para subgrupos fixos, 84
frações não conformes e números de
   itens não conformes, 85t
gráfico de controle $np$, 86f
para número médio de defeitos por unidade
   ou gráfico $u$ para subgrupos fixos, 92
gráfico de controle $u$, 94f
número de não conformidades e número
   médio de defeitos, 93t
$u$ com tamanho de subgrupos variáveis, 95
gráfico de controle padronizado $u$ com
   tamanho amostral $n_j$ variável, 100f
gráfico de controle padronizado $u$, 99
gráfico de controle $u$ com tamanho médio amostral, 95, 97, 97f, 98
número de não conformidades, 99
número médio de defeitos por unidade, 96t, 99
número médio de não conformidades, 96t
valores estimados de $\hat{Z}_j$, 99
Gráficos de controle para medidas individuais, 103-111
exercícios, 110
introdução, 103
gráfico de controle para amplitude móvel ou gráfico $MR$, 103
dados de densidade aparente (g/cm$^3$), 106t
gráfico de controle $MR$ com seus limites de advertências, 108f
gráfico de controle para observações individuais ou gráfico $x$, 108
gráfico de controle $x$ para os dados de densidade aparente (g/cm$^3$), 109f
Gráficos de controle para variáveis, 53-74
exercícios, 71
introdução, 53
gráfico de controle para monitorar a dispersão do processo, 54
dados de temperatura (°C), 56t
gráfico da amplitude ou gráfico $R$, 61
gráfico da variância ou gráfico $S^2$, 58

gráfico de controle $R$ para os dados de temperatura (°C), 63f
gráfico de controle $S^2$ para os dados de temperatura (°C), 60f
gráfico do desvio padrão ou gráfico $S$, 54
gráfico de controle para monitorar o nível do processo, 63
gráfico da média ou gráfico $\bar{X}$, 64
gráfico da mediana ou gráfico $\tilde{X}$, 67
gráfico de controle $\bar{X}$ para os dados de temperatura (°C), 66f, 70f
Gráfico de Pareto, 13
análise e utilização do, 16
exemplo para os tipos de defeitos, 17f
tipos de defeitos, 17t
construção do, 14
folha de verificação dos tipos de defeitos, 15f
quantidade dos tipos de defeitos, 15t

# H
Histograma, 17
comparação com limites de especificação, 19
exemplo de um processo, 20f
exemplo que não satisfaz o limite inferior, 20f
exemplo que não satisfaz o limite superior, 21f
exemplo que não satisfaz os limites superior e inferior, 21f
exemplo que satisfaz amplamente os limites, 20f
exemplo que satisfaz os limites, 20f
construção do, 18
distribuição de frequência da temperatura (°C), 18t
exemplo da distribuição de frequência da temperatura (°C), 19f

# I
Índices de capacidade do processo, 113-125
banda superior e inferior do processo, 118
representação gráfica, 118f
exercícios, 120
índice $C_p$, 114
relação entre a dispersão permitida do processo e a dispersão natural do processo, 115f

relação entre a percentagem de especificação utilizada, $C_p$ e as unidades não conformes produzidas, 116f
teste de hipóteses e o índice $C_p$, 116
índices $C_{pu}$, $C_{pl}$ e $C_{pk}$, 117
introdução, 113
Inferência e gráficos de controle, visão geral de, 31-52
 exercícios, 51
 visão geral de gráficos de controle, 44
  construção de gráficos de controle, 26
   gráfico de controle de Shewhart com linha de controle e advertência bilaterais, 46f
  planejamento de um gráfico de controle, 47
   intervalo de tempo, 47
   subgrupo, 47
   tamanho da amostra, 47
   tipo de limites de controle, 47
  princípios dos gráficos de controle, 45
  tipos de gráficos de controle, 49
   gráficos de controle para atributos, 50
   gráficos de controle para variáveis com medidas individuais utilizados no monitoramento do nível e dispersão do processo, 50
   gráficos de controle para variáveis com subgrupos amostrais utilizados no monitoramento do nível e dispersão do processo, 49
   outros tipos de gráficos de controle, 50
 visão geral de inferência, 31
  estimando a dispersão do processo, 33
   dados de teor de flúor de um processo químico, 38t
   desvio-padrão amostral corrigido, 34
   média corrigida das amplitudes amostrais, 35
   média corrigida do desvio padrão amostral, 34
   média corrigida dos quartis amostrais, 36
   mediana corrigida das amplitudes amostrais, 36
   variância amostral, 33
  estimando o nível do processo, 40
   média das medianas amostrais, 42
   média das médias amostrais, 40
   mediana das medianas amostrais, 41
   mediana das médias amostrais, 42

**R**
Respostas dos exercícios, 141-155

**T**
Tabelas de fatores para construção de gráficos de controle, 127-130
 gráficos de controle para dispersão do processo, 130t
  gráfico da variância e gráfico das amplitudes, 128t
  gráfico do desvio padrão, 127t
 gráficos de controle para o nível do processo
  gráfico da média e gráfico da mediana, 129t
Tabelas para resolução dos exercícios propostos, 133-138
Tabela utilizada para exercícios resolvidos, 131
 dados de teor de flúor de um processo químico, 131